强大内心的自我对话

Chatter:
The Voice in Our Head, Why It Matters, and How to Harness It

[美] 伊桑 · 克罗斯
（Ethan Kross） 著
吕颜婉倩 译

中信出版集团 | 北京

图书在版编目（CIP）数据

强大内心的自我对话 /（美）伊桑·克罗斯（Ethan Kross）著；吕颜婉倩译 . -- 北京：中信出版社，2022.1（2024.1 重印）

书名原文：Chatter: The Voice in Our Head, Why It Matters, and How to Harness It

ISBN 978-7-5217-3563-5

I. ①强… II. ①伊… ②吕 III. ①心理学－通俗读物 Ⅳ . ① B84-49

中国版本图书馆 CIP 数据核字（2021）第 195930 号

强大内心的自我对话

著者：［美］伊桑·克罗斯
译者：吕颜婉倩
出版发行：中信出版集团股份有限公司
（北京市朝阳区东三环北路 27 号嘉铭中心 邮编 100020）
承印者：河北鹏润印刷有限公司

开本：880mm×1230mm 1/32 印张：9 字数：164 千字
版次：2022 年 1 月第 1 版 印次：2024 年 1 月第 2 次印刷
京权图字：01–2021–4862 书号：ISBN 978–7–5217–3563–5

定价：59.00 元

服务热线：400–600–8099
投稿邮箱：author@citicpub.com

献给我的父亲，

他教会我如何深入探索内心

献给拉腊、马亚和达尼，

他们是治疗我喋喋不休的良方

我认为最大的挑战是始终保持你的道德指南针的指向。我会在内心进行这样的对话。我利用内在的声音评价自己的所作所为，对我来说，至少它能被听见，且是活跃的。它会指明我自认为步入正轨及偏离轨道的地方。[1]

——巴拉克·奥巴马

我脑海中的声音是个浑蛋。[2]

——丹·哈里斯

目 录

.... III 推荐序 如何克服影响我们的思维杂念

.... XI 导读 痛苦的时候，请把自己当外人

.... XIX 引言 心理学家也会遭遇的心理问题

.... 001 第一章 我们与自己的对话

脑海中的声音如何控制我们，我们又如何控制它

.... 023 第二章 内省反而会加剧压力

负面思维会侵占神经容量，消耗大脑的执行功能，
影响你的正常表现

.... 051 第三章 外部视角与心理距离

采用更广阔的外部视角获得心理距离，
善用抽离的方法获得优势

...... 077 第四章　抽离式自我对话：当“我”变成“你”

语言提供的情绪管理工具

...... 101 第五章　利用社交关系强化正向思维

采取更广阔、更冷静、更客观的视角，
使内心对话的积极结果最大化

...... 125 第六章　由外而内：物理环境与内在秩序

大自然和充满秩序感的物理环境帮助建立内在的秩序

...... 149 第七章　心理魔法

激发大脑的复原力，成为内心强大的自己

...... 175 结论　驾驭与自己的对话

...... 187 工具　对抗大脑思维杂念的 26 个心理学方法

...... 199 致谢

...... 205 注释

推荐序　如何克服影响我们的思维杂念

彭凯平　中国积极心理学发起人、清华大学社会科学学院院长、
清华大学心理学系主任

人们无时无刻不在与思维打交道，但是对很多人来说，理解思维却不简单。心理学家荣格曾提出这样一个观点：“你的潜意识正在操控你的人生，而你却称其为命运。”

思维能力是人类独特的一种本能。通过运用思维，人类创建了历史上所有的知识与事件。但是，人们对思维本身的认知却并不像思维的产物那样显而易见。在很长一段时间内，人们对于思维到底是什么感到十分困惑。当然，直到今天，我们仍然走在这条探究之路上……

幸运的是，我们现在拥有了思维所产生的一个极为强大的产物——科学。通过科学，我们有更多机会更加深入地认知思维、了解思维。更为关键的是，因为有了科学，人们可以通过

大量的研究、实验与实践来改变我们的思维，让它变得更有效率，发挥更大的价值。

什么样的科学方法能够帮助我们改善思维方式呢？能不能控制或者调节我们的思维，不让一些负面的思维操控我们的人生呢？为什么需要这么做？有什么必要这样做？有没有日常生活的小技巧能够使我们的思维从无效到有效，从消极到积极，从而提升我们的身心健康，获得事业成功，达到生活幸福呢？我手头的这本书正好回答了这些问题，书名叫《强大内心的自我对话》，它曾经被美国《华盛顿邮报》评为2020年度最佳图书。

这本书的作者叫伊桑·克罗斯，他是美国实验心理学家、神经科学家和著名的心理学科普作家。克罗斯以专门研究情绪调节以及我们和自己进行的内心对话对我们的健康、工作、决策和人际关系的影响而为人们所知。他是我的母校——美国密歇根大学心理学系和罗斯商学院的教授。虽然在密歇根大学时，我们不曾共事，但业余时间的交流让我们感觉兴趣十分相投。

克罗斯教授出生于美国纽约，在哥伦比亚大学获得了心理学博士学位，之后从事了一段时间的博士后研究工作，主要研究领域是社会情绪的神经科学研究、探索自我控制的神经机制。后来，他加入密歇根大学心理学系并担任“情绪与自我控制实验室”的主任。因此，由他来讲如何控制自己的思维和情绪，显然是最合适不过的。

这本书回答的一个关键问题就是“我们能不能控制自己的思维”，或者说是“我们如何通过科学的理解与方法来控制自己的思维”。毋庸置疑，思维影响了我们自己与我们所构建的全部生活，它是我们所有行动的萌芽和源头。针对这个问题，积极心理学家们极力强调积极的思维产生积极的行动和积极的结果；消极的思维容易消耗我们的心理资源，产生负面的结果。不过，在很长一段时间内，积极心理学的这些科学观点经常被普罗大众误读为心灵鸡汤似的无法验证的励志说辞。心灵鸡汤的一些显著特点是：有高大上的观点、虚无缥缈的假设，以及粗糙的励志教条。但是你如果认真读一读克罗斯的这本书，就会发现，这本书提到的思维与心灵鸡汤的那些特点完全不一样。事实上，克罗斯教授的研究和他的著作有力地证明了那些积极心理学家的观点——它们绝不是空谈和假设，而是人类大脑运作的本质。

对于人能不能有效地控制自己的思维，克罗斯教授的答案并不是简单的“是”或“不是”。他通过研究发现：人们控制不了自己能意识到哪些思想，但是人们能够控制有意识之后会出现什么样的思想。这意味着人们能够沉浸在自己的思想中，也可以选择和自己的思想分离，或者是挑战思想。换句话说，我们能够控制的思维其实是很多的。这就像我们不能控制生活中发生的事，但是能够控制我们如何去应对这些事以及这些事情发生时，我们所释放的情绪。

克罗斯认为，有效地控制思维——特别是对正向思维的强化——有很多益处，对于人们形成积极的情绪与积极的生活方式有着重要的价值。其中首要控制的就是一些思维杂念，这也是克罗斯这本书最重要的一项内容。什么是思维杂念呢？就是针对一件事情的思考远远超出了需要考虑的各种条件之外的那些不必要、不合时宜又不恰当的“思考垃圾”。哈佛大学著名心理学家丹尼尔·吉尔伯特做过一个有趣的实验。他给 2 400 多人各发了一部 BP 机（寻呼机），要求他们在遇到问题的时候，报告一下自己在做什么。结果发现，有将近一半的人在遇到问题时，不是去解决问题，而是在胡思乱想：“为什么这件事会发生在我身上？”“别人会怎么看待我？”“后面还会发生什么事？”“如果这件事没有发生该多好。”……实验证明，这样喋喋不休的思维杂念对于这些人好好处理问题没有丝毫益处，却往往是产生灾难性思维、非黑即白的极端思维、怀疑阴谋论的受害者思维等消极思维习惯的主要原因。

千万不要小瞧了思维杂念，因为它的确会在很大程度上破坏我们本来可以更加美好的人生体验。为此，克罗斯教授在书中提出了 26 个解决方法来帮助人们化解思维杂念，而我发现，其中三个方法在我身上是经常适用的。

第一个方法是时间距离，就是从长计议，从一个比较大的角度去思考眼前的这些事情。生活告诉我，当人们超脱眼前具体的人和事的困扰时，往往会有更明确的答案和行动方案。

第二个方法叫作抽离式自我对话，就是念着自己的名字和自己对话，比如我会说："彭凯平，我要和你讨论一下如何面对当下这件事……"这里顺便说一句，叫别人的名字容易，叫自己的名字却有些难，主要是我们很不习惯这样做。但克罗斯认为，这个方法对于我们恢复冷静、进行自省极为重要。事实上，在日常生活中，我们一般是在和别人交谈的时候才直呼其名。当我们直呼其他人的名字的时候，我们是在思考其他人；如果我们用这种方法来思考自己，我们就能够从其他人的角度去思考我们自己遇到的问题。更为重要的是，经由这种自我对话，我们很有可能发现很多平时自己很难觉察的自我劣势与自我优势，也能更加清晰地感觉到自己的信心与茫然到底在哪些地方。

第三个方法就是和其他人积极而真诚地沟通与交流。心理学家已经证明，小到个人自身的发展，大到人类群体的进步，起着最大作用的就是善意的沟通、协作与交流。这是文明的基因，也是人之为人所特有的生存优势。通常来说，当我们和其他人，特别是和自己的生活经历与背景不同的人交流和沟通的时候，我们能够得到不同的认识，开阔自己的视野。而当和自己背景相同的人沟通与交流之时，我们往往能找到共鸣，这也会让交流双方特别愉悦。事实上，有建设性的交流总是好处多多，无论是和什么样的人真诚且善意地交流，都会让我们变得更有智慧。

总而言之，克罗斯教授提出的26个控制思维的方法都很务实，也不难理解。虽然不是每个人都需要熟练掌握26个方法，但总有几个方法会让我们深受启发。

克罗斯在书中还特别强调了控制思维杂念能够给我们带来什么样的好处，这包括改善我们的工作表现、人际关系和健康状况。

首先，思维杂念对人们的影响主要在于会让人们分心。它容易让人们过度关注负面的信息，很容易影响人们在工作和生活中的正常发挥。特别是在压力大的情况下，人们不能集中精力去解决应该解决的问题，容易惊慌失措、表现失常。

其次，思维杂念会影响我们建构良好的人际关系。比如，当你在餐桌旁问了妻子或丈夫与孩子教育有关的问题的时候，你的思维杂念就很容易干扰你们正常的交流，由此影响了还原这件事的真实面貌。由于你们对孩子教育中诸多细节的观点差异，思维杂念会将这些细节放大成为观点矛盾，然后就可能会将话题不自觉地引到夫妻关系上，进而可能由讨论变成争论，再到争吵。显然，这种由思维杂念控制的对话会不经意地影响夫妻之间的感情和关系。人总是希望从关系中获得关注、欣赏和肯定，摆出一副心不在焉的样子或者显露否定批判的态度显然不利于感情关系的稳定。

最后，思维杂念会影响我们的健康状况。科学研究发现，当压力产生的时候，我们会有自然的压力反应，这是进化选择的人的一个重要的保护机制。大脑与其所分泌的各种激素都会在压力来临时产出指令并产生作用，让我们拥有趋利避害的本能，以保证更多的生存机会。所以科学家们一再强调：有压力并不是坏事，坏的是这样的压力延伸过长、时间过长就会使免疫系统和消化系统产生各种问题。而思维杂念恰恰是让我们延长压力反应的主要原因之一。

总而言之，我阅读完克罗斯这本书后一种特别强烈的体会就是：人不是行胜于言，而是行胜于思。思考当然很重要，也十分必要，但克罗斯告诉我们，思考是需要有方法、有目标、有节制、有策略的。大量无谓的思考只会消耗我们的身心资源，而集中且富有效率的思考则会帮助我们建立真正“知行合一”的智慧与行动能力。在这样的思考方式下，当我们走出自己的舒适空间，走向沸腾的社会生活的时候，无论我们做什么，我们都能选择一个前进的方向。

著名人本主义心理学家马斯洛说过：“在任何时刻，我们都有两个选择：往前走向成长，或退后走向安全。”

前进吧，美好生活在于行动！

2021 年 7 月 18 日于清华园

导读　痛苦的时候，请把自己当外人

陈禹安　心理学专家、“心理三国”三部曲作者

当遭遇重大的人生困境时，你将如何化解内心巨大的痛苦？

中国人特别推崇的一种方式就是内省。比如，曾子说“吾日三省吾身”（《论语·学而》），孟子也说“行有不得，反求诸己”（《孟子·离娄上》）。

但是，实验心理学家兼神经科学家伊桑·克罗斯却提出了一个颠覆性的观点：内省非但无助于缓解痛苦，反而会加剧痛苦！

他说：“当我们经受痛苦时，进行内省往往会明显地弊大于利。它会逐渐影响我们的工作表现，降低我们做出正确决定的能力，并对我们的人际关系造成负面影响。它还会助长暴力和攻击性，导致我们出现一系列精神障碍，并且提高身体患病的风险。”

克罗斯的理由是，内省会带来喋喋不休式的自我对话，这种自我对话因为充斥着周期性的负面想法与情绪，其实质是自我攻击，从而将内省变成诅咒而非祝福。

从心理学的角度来看，内省式的自我对话是人的大脑中一个情绪平复及创伤整合的过程。一般程度的痛苦经过几轮自我对话也就烟消云散了，而特别巨大的痛苦会引发一轮又一轮的喋喋不休，这相当于持续不断地打击自我，削弱自我，让自我丧失应对困境的勇气与能量。

克罗斯的观点在某些情形下是成立的，即当我们遭受重大打击的时候，过度自省也许会让我们更加沉溺于痛苦，不可自拔。

比如，鲁迅笔下的祥林嫂在儿子阿毛被狼叼走之后，逢人就说："我真傻，真的。我单知道下雪的时候野兽在山坳里没有食吃，会到村里来；我不知道春天也会有。"(《祝福》)

这个"我真傻"就是把导致儿子发生意外的一切罪责归结到自己头上，每多说一次，就是多一次对自我意识的摧残。日积月累，祥林嫂终于"成功"地杀死了"自我"。

克罗斯在一次与痛苦做斗争的经历中偶然发现：直呼自己的名字，把自己当作别人去开展对话，十分有助于缓解痛苦。

具体的句式是这样的："伊桑，你在做什么？这简直疯了！"

当这句话浮现之后，克罗斯突然感觉到奇怪的事情发生了，在脑海中说出自己的名字，像和别人说话一样称呼自己，让他在心理上立刻退了一步。突然间，他觉得自己能够更客观地关注自身面临的困境了。

在上面这句发挥神奇作用的话中，“伊桑”是第三人称，“你”是第二人称，当他使用这两个人称取代“我”这个第一人称来和自己沟通时，自己和自我之间的情感距离就扩大了。这等于将自我抽离，从而可以更加冷静、理性地面对自己的问题。

所罗门悖论指出，我们看待自己不像看待别人那样有距离感和洞察力。距离感和洞察力成反比——情感距离越近，洞察力就越弱。反之，情感距离越远，洞察力就越强。

当我们在进行自我对话时，用第二人称和第三人称来扩大情感距离，人为制造疏离感，就可以获得更敏锐的洞察力，从而更容易找到缓解痛苦的方法。

克罗斯的这个观点让我有一种强烈的共鸣感。十几年前，女儿上幼儿园的时候，我无意中发现了使用第三人称的秘密。

当时，有一个小男孩总是这样说话：“王 XX 不喜欢这个”，“王 XX 要去上厕所”等。一个四五岁的孩子，其自我意识已经基本形成，完全能够用“我”这个第一人称来指代自己了，但这个小男孩还是用自己的名字这样的第三人称来称呼自己。结合他的各种行为表现，我可以明显看出，这个男孩的自我意识发育相比于同龄人是滞后的。这一洞察开启了我对用不同人称指代自我的长期研究。

对于成年人来说，用第三人称来称呼自己就意味着自我意识的弱化，本质上是一种心理性退行。一个成年人如果用第三人称来称呼自己，等于将自己视为他人，也就等于将自己的痛苦转移给了通过称呼变换塑造的“他人”。由此可以推知，适当的弱化自我可以帮助我们减轻痛苦。

第二人称也有类似的作用。

我在电视上看到过一个奥运冠军的访谈节目。在回忆备战奥运的艰辛时，他说：“你必须考虑国家荣誉，所以只能去拼！”

他说的这个“你”就是第二人称，但实际上他是在说“我”。为什么这位奥运冠军要用“你”来指代“我”呢？这是要在自我和压力之间制造疏离感。哪怕事后回忆，备战奥运的高压力都是一种难以承受的痛苦体验，而保持情感距离则可以让自我感受好一些。

在现实中，还有一个喜剧演员悖论。

我们往往以为那些在舞台上或影视作品中嬉笑怒骂、插科打诨的喜剧演员性格外向、开朗乐观，但实际上很多喜剧演员在生活中内向、木讷得令人诧异。他们为什么会判若两人呢？

实际上，喜剧演员在演出的时候，知道自己只是在扮演某个角色，这个角色不是他真正的自我，相当于“第三人称自我”，所以他就没有那么大的压力，可以放得很开。但是，当他在生活中做他自己的时候，就必须面对百分之百的“第一人称自我”了，于是那些性格内向的演员就放不开了。

可见，通过运用第二人称和第三人称来指代自我，可以将内省式的喋喋不休转化为情感距离更远的抽离式对话，从而缓解痛苦，促进理性思考。

当我们真正明白了“痛苦”和“自我”之间的关系时，缓解痛苦的更多方法也就水落石出了。

2006 年在以色列进行的一项研究表明，在以色列和黎巴嫩发生军事冲突期间，生活在战区的女性如果仪式性地背诵赞美诗，其焦虑程度就会降低，而没有这样做的女性则不然。

这是通过增加仪式感来缓解痛苦的一个例证。类似的例证比比皆是：为过世的亲人举办葬礼和追悼会；有宗教信仰的人诵经或做法事；等等。

所谓仪式感，就是一系列规范的、强制的动作或行为配合某种固定的场景、布置塑造的。一个处在仪式中的人是不自由的，他必须按照仪式的要求来呈现自己的言谈举止，这等于将自我控制权转交给了仪式。也就是说，仪式中的“我”其实不是“我”。

可见，仪式感之所以能够缓解或消除痛苦，本质上也是因为自我弱化。

在一项实验中，心理学家让一群孩子假装自己是在执行一项无聊任务的超级英雄，有一部分孩子在实验过程中会被要求从自己所扮演角色（比如蝙蝠侠）的角度来谈感受，另一部分孩子则需要从“我”的角度来表达感受。结果，“蝙蝠侠们”比“我”能让孩子在实验中坚持更长的时间（承受更长时间的压力和痛苦）。

扮演超级英雄就是把“我”变成了“蝙蝠侠”，那么，压力和痛苦就是“蝙蝠侠”承受的，而不是“我”承受的，那么“我”自然会好受得多，更能忍受乏味的任务。

可见，扮演超级英雄之所以能够缓解或消除痛苦，本质上也是通过转移自我来弱化自我的。

伊桑在这本书里提供了 26 个方法来应对自我攻击式的喋喋不休的杂念。如果我们掌握了弱化自我的诀窍，就很容易理解这些方法并加以实践。

中国人所提倡的内省聚焦于自我动机、行为和责任。越是内省，越会突出自我作为承担一切的主体。如果你的“自我”足够强大，扛得住压力，担得起责任，内省确实是解决问题最彻底的途径。

但是，如果你的心理能量不足以应对巨大痛苦，却要去硬撑，往往会心理崩溃。强化自我，给自己灌鸡汤、打鸡血，都不是最好的方法。在这样的情形下，请不要急于内省。你可以试着放下“我执”，把自己当作别人来看待，通过弱化自我找到柳暗花明的幸福彼岸。等到痛苦缓解、自我变得强大后，再来做一番内省，就能更好地提升自我。

所以，痛苦的时候，强大内心的自我对话！

2021 年 7 月 15 日于北京国粹苑

引言　心理学家也会遭遇的心理问题

我站在黑暗的客厅里。因为紧紧地抓着少年棒球联盟的棒球棒黏糊糊的橡胶把手，我的指关节发白。我凝视着窗外的夜色，拼命想保护妻子和刚出生的女儿不被一个素未谋面的疯子伤害。这个场面看起来如何；如果疯子出现，我可能会怎么做……与之相关的任何自我意识，都被我正在经受的恐惧洗刷殆尽。我脑海中不断地重复着同一件事。

我对自己说，这都是我的错。我健康可爱的新生宝宝和深爱我的妻子就在楼上，可我却置她们俩于险境。我做了什么？我该怎样解决已发生的问题？这些想法就像一段让我难以脱身的可怕的奇幻旅程。

于是我被困住了——不仅被困在黑暗的客厅里，而且深陷于自己构想的噩梦中。我，领导着一个专门研究自制力的实验室的科学家兼擅长驯服无休止的负面思想旋涡的专家，手中拿着一支小小的棒球棒，盯着凌晨三点的窗外——折磨我的并非寄来疯狂信件的坏蛋，而是存在于我脑海中的“魔鬼”。

我是怎么变成这样的？

威胁信引发的喋喋不休

那一天的开始无异于其他任何时日。

我起得很早，穿好衣服，帮忙给女儿喂奶、换尿布，速战速决地吃完早饭。然后我亲吻妻子，出门开车，前往密歇根大学校园里的办公室。那是 2011 年春天里寒冷、宁静且阳光明媚的一天，那一天也似乎预示着我有同样平静、阳光的思绪。

东大楼是一幢宏伟的砖面建筑，密歇根大学著名的心理学系就坐落于此。当我到达那里时，我发现我的信箱里有个不同寻常的东西：在堆积如山的科学期刊上赫然放着一个手写我姓名和地址的信封。要知道，在工作场合收到手写信件可是件稀罕事。我好奇里面写了什么，就打开信，一边读一边往办公室走。那时我还没意识到自己有多么焦虑，只是感到一股汗顺着脖子流了下去。

这是一封威胁信，是我人生中收到的第一封威胁信。

一周前，我在哥伦比亚广播公司《晚间新闻》上短暂露面，谈论了我和同事刚刚发表的一项神经科学方面的研究。[1] 该研究表明，身体疼痛和情感疼痛间的联系，比之前研究显示的更为紧密。事实上，大脑记录情感疼痛和生理疼痛的方式非常相似。结果证明，心碎是一种物理现实。

我和同事们对这一结果感到兴奋，但没预料到它除了能让想要撰写短篇报道的新闻记者们来几通电话，还会导致别的结果。令我们大为吃惊的是，研究结果像病毒般迅速传播开来。我前一分钟还在给本科生讲授恋爱心理学，下一分钟就要在学校的电视演播室里上媒体培训的速成课。我成功地完成了采访，没有太多的口误，几小时后，关于我们工作的部分就播出了——一位科学家昙花一现地大出风头，事实上总共只有 90 秒。

我们并不清楚该研究究竟如何冒犯了写信的人，信里暴力的图画、可恶的诽谤及令人不安的文字让我很难想象此人对我究竟抱有怎样的情绪。然而，面对这样的怨恨，我对于该采取何种形式的行动却思绪万千。更糟糕的是，此信并非来自远方。在谷歌上对它的邮戳信息进行快速搜索后，我发现它是从十几英里①外的地方寄来的。我的思绪开始失控。在残酷的命运转折中，我现在成了那个经受情感痛苦的人，那种痛苦如此强烈，

① 1 英里约为 1.6 千米。——编者注

以至于我感觉它像是生理上的疼痛。

当天晚些时候，在和大学行政人员进行了数次谈话后，我坐在了当地的派出所里，焦虑地等待和负责此案的警官沟通。尽管最终听我分享故事的警官很和蔼，但他并不是特别让人安心。他提出了三条建议：打电话给电话公司，确保我家的电话号码没被泄露；留意在我办公室周围晃荡的可疑人员；改变我每天通勤的路线，确保没人掌握我的行踪规律。仅此而已。他们没有为我部署一支特遣队。我只能靠自己。这并不是我希望听到的令人欣慰的回应。

那天，我穿过安娜堡市绿树成荫的街道，走了一段长长的迂回的路回家，试图想出一个能够应对现状的解决方案。我心想，不妨回顾一下事实：我需要担心吗？我需要做什么？

根据警官及其他几位听我分享过故事的人说的话，我有以上问题的明确答案：不，我不必为此紧张。这是常有的事，我别无他法。害怕是正常的，放轻松就行了。公众人物总会收到虚张声势的恐吓信，可什么都没发生。这件事会过去的。

但那不是我和自己进行的对话。相反，我的脑海里充斥着绝望的想法，它们以无限循环的方式不断得到强化。在导致内心疯狂之前，那个声音呼喊着：我都做了什么？我该打电话给警报公司吗？该搞把枪吗？我们应该搬家吗？我多快能找到一份新工作？

在接下来的两天里，这个版本的对话在我脑海里一遍又一遍地重复，结果我紧张得要命。我茶饭不思，和妻子没完没了（并且徒劳）地谈论着那封恐吓信，以致我们俩之间的关系变得越来越紧张。每当听到从婴儿房里传来的哪怕是最微弱的动静，我都会受到剧烈的惊吓。即使有更显而易见的解释——咯吱作响的婴儿床、因胀气而哭闹的女儿，我也会立刻认为最坏的命运已经降临在她身上。

我踱来踱去。

那两个晚上，当妻子和女儿平静地睡在自己的床上时，我穿着睡衣站在楼下守夜，手里握着少年棒球联盟的棒球棒，向客厅窗户外张望，以确保没人靠近。但我不知道，如果真的发现有人潜伏在外面，我该怎么做。

令我最为尴尬的是，第二天晚上，当焦虑达到顶峰时，我坐在电脑前思忖着用谷歌搜索“学者的保镖”这样的关键词——事后看起来挺荒谬的行为，在当时却是紧迫且合乎逻辑的。

内省力也会变成诅咒

我是一名实验心理学家兼神经科学家，在密歇根大学创办并领导的“情绪与自我控制实验室”里研究内省科学。我们研究的是人们与自己进行的无声对话，它对我们的生活方式有着极大的影响。我把整个职业生涯都用来研究这些对话——它们是什么，我们为什么会进行这样的对话，以及如何利用它们来使人们更快乐、更健康且更高效地生活。

我和同事们喜欢将自己视为大脑的修理工。我们把人们带进实验室，让其参与精心设计的实验，也在实验对象日常经历“之外”研究他们。我们使用心理学和其他学科——医学、哲学、生物学和计算机科学——的工具来回答恼人的问题，比如：为什么有些人能通过关注内心来了解自己的感受，而另一些人这么做的时候却崩溃了呢？人们怎样才能在有副作用的压力下理智地思考？和自己对话有正确或者错误的方式吗？如何在不引发他人或者增加自己负面想法和情绪的情况下，与我们关心的人交流？在社交媒体上遇到的多如牛毛的“声音”会影响我们脑海中的声音吗？通过严格地检验这些问题的答案，我们收获了无数惊人的发现。

我们已经知道了自己所说的和所做的具体事情是怎样完善内心对话的。我们学会了如何撬开大脑“神奇”的机关——怎样使用安慰剂、幸运符及宗教仪式让我们更有复原力。我们了解到在桌子上放哪些照片可以有助于自己从情感创伤中恢复（提示：大自然的照片就像母亲的照片一样抚慰人心），为什么紧抓着毛绒玩具能缓解攸关存亡的绝望，在度过艰难的一天后该怎样和伴侣交谈或者怎样避免交谈，在登录社交媒体时可能会做错什么，想出去走走来解决自己面对的问题时该去哪里。

早在考虑从事科学工作之前，我就开始对我们与自己的对话会怎样影响情绪产生了兴趣。这种兴趣甚至早于我真正理解情感是什么。我对人们两耳之间随身携带的这个丰富、脆弱且不断变化的“世界”的迷恋，可以追溯到我踏入的第一个心理学实验室：我成长的家庭。

我成长于布鲁克林卡纳西的工人阶级社区，我的父亲在我很小的时候就让我意识到自我反省的重要性。我怀疑绝大多数三岁儿童的家长在教孩子得经常刷牙及善待他人的时候，我的父亲有其他的优先事项。以他典型的非传统风格，相较于其他事，他更关注我内心的选择，总是鼓励我在遇到困难时“深入探索内心”。他喜欢对我说：“问你自己这个问题。”我无法理解他所指的确切问题，尽管在某种程度上，我明白他在促使我审视内心，寻找答案。

父亲在很多方面是个行走的“矛盾体”。当他不在嘈杂、堵塞的纽约街道上对其他司机比中指，也不在家里的电视机前为扬基队[①]欢呼时，我发现他常在自己的卧室里冥想（通常在浓

---

① 纽约扬基队是美国职业棒球大联盟的一支球队。——编者注

密的胡须下面叼根烟）或者在读《薄伽梵歌》①。但随着我逐渐长大，遇到比决定是否吃一块明令禁止的饼干或者拒绝打扫房间更复杂的情况时，他的建议就更有分量了。我应该约高中的暗恋对象出去玩吗？（我约了，而她拒绝了。）我该在目睹朋友偷了别人的钱包后与他对质吗？我该去哪里上大学？我为自己头脑中冷静的思考而自豪，我对“深入探索内心”帮我做出正确决定的依赖根深蒂固（有一天梦中情人会答应我的求婚，我们终成眷属）。

不出所料，上大学时，我命中注定般地发现了心理学领域。我找到了自己的使命。它探索的是我和父亲在我青年时代不谈论扬基队的时候会探讨的事物。它似乎既解释了我的童年，又为我指明了通往成年的道路。心理学领域拓展了我的词汇量。在大学课堂上，我从其他许多事情中了解到，那些年里父亲禅宗式育儿的核心是内省——我那思想正常的母亲不得不忍受这种方式。

就最基本的意义而言，内省仅仅意味着积极地关注个人的想法和感受。内省力允许我们想象、记忆、反思，然后利用这些幻想来解决问题、创新、创造。许多科学家，包括我自己，将此视为人类区别于其他物种的主要进化进步之一。[2]

① 《薄伽梵歌》是印度教的重要经典。——编者注

一直以来，父亲的基本原则是让我培养出能帮我应对遇到的任何具有挑战性局面的内省技能。深思熟虑的自我反省会让人做出明智、有利的选择，进而为自己带来积极的情绪。换句话说，“深入探索内心”是通往有活力、令人满意的生活的必经之路。这颇有道理，不过我很快发现，对许多人来说，它完全不对。

近年来，大量的新型研究表明[3]，当我们经受痛苦时，进行内省往往会明显地弊大于利。它会逐渐影响我们的工作表现，降低我们做出正确决定的能力，并对我们的人际关系造成负面影响。它还会助长暴力和攻击性，导致我们出现一系列精神障碍，并且提高身体患病的风险。以错误的方式用大脑处理我们的思想和情感问题会导致职业运动员丧失他们在职业生涯中不断完善的技能。它会导致原本深明事理、有爱心的人做出逻辑不通甚至不道德的决定。它会让你的朋友在现实世界和社交媒体中弃你而去。它能把爱情的避风港变成战场。它甚至会加速我们外表和内在两方面的衰老。简而言之，思考通常不太能把我们从想法中拯救出来，相反，它们会引发一些潜在的问题。

这个问题就是喋喋不休。

喋喋不休由周期性的负面想法和情绪组成，它把我们非凡的内省力变成诅咒而非祝福。它将我们的表现、决策、人际关系、幸福和健康置于危险之中。一想到工作上的失误或与爱人间的误会，我们就会被糟糕的感受淹没。之后，我们会再次想起它，继而一遍又一遍地想。我们内省是为了挖掘、找寻内心的“教练”，但反倒会与内心的批评者不期而遇。

当然，问题是为什么。为什么人们经历痛苦时，“深入探索内心”的尝试和思考有时会成功，在其他时候却失败了？同样重要的是，一旦发现自己的内省力偏离轨道，我们要做什么才能让它重回正轨呢？我把职业生涯都花在研究这些问题上了。我了解到，答案取决于改变精神生活中最重要的对话——我们与自己的对话——的性质。

喋喋不休会带来焦虑情绪

21 世纪有一个广为流传的文化口号，它劝告人们“活在当下”。我欣赏这句格言的智慧。它建议我们在当下应该专注于与他人和自己的联系，而不是屈服于过去产生的痛苦或是对未来的焦虑。然而，作为一名研究人类心理的科学家，我不得不指出，这种善意的信息与我们的生理机能背道而驰。人类并非生来就能始终紧紧抓住“当下”，那并不是大脑进化的目的。

近年来，研究大脑如何处理信息，以及让我们实时监控行为的前沿方法，已经解开了人类心理的隐藏机制之谜。在此种情况下，它们发现了人类的一些非凡之处：我们醒着的时候，有 1/3~1/2 的时间没有活在当下。[4]

我们与此时此地“分离”就如同呼吸一样自然，大脑把我们传送到过去的事件、想象的场景及其他内在的想法中。这种根本的趋势有个名字：默认状态。[5]它是我们的大脑在不忙碌的时候自动恢复的活动，甚至在忙碌时亦然。当应该专注于某项任务时，你会毫无疑问地意识到自己像是有意志般地走了神。我们不断地从当下悄悄溜进大脑中平行、非线性的世界，以分钟为周期不知不觉地被吸回“内部”。鉴于此，精神生活的表达有了新的附加含义：我们的生活大部分是思维。所以，当“我们”悄悄溜走时，通常会发生什么呢？[6]

我们会自言自语，并且会倾听自己说的话。

自文明诞生之日起，人类就一直在与这种现象做斗争。[7]早期的基督教神秘主义者对头脑中的声音感到十分恼怒，因为这种声音总是干扰他们默祷。有些人甚至认为这些声音像恶魔一般。大约在同一时期，佛教徒对精神状况的阴晴不定可能会给人的情感状况蒙上阴影这一情况进行了理论研究，他们称之为“妄念”。然而，在一些同样非常古老的文化中，许多人相信他们脑海中的声音是智慧之源，这种信念巩固了延续数千年的习俗，比如默祷和冥想（我父亲的个人哲学）。多种精神传统既害怕我们脑海中的声音，又注意到其价值的事实，证明了我们对内心对话矛盾的态度至今仍然存在。

人们在谈论脑海中的声音时，会自然地想知道它病理方面的情况。我经常在演讲开始的时候问听众，他们是否会和脑子里的自己对话。看到其他人和自己一起迅速举手，很多人看起来不约而同地松了一口气。不幸的是，我们在脑海中听到的正常声音（比如我们自己、家人或者同事的声音）有时会沦为精神疾病特有的异常声音。在这种情况下，人们会不相信它是由自己的大脑产生的，而认为它来自另一个实体（举几种常见的幻听，如敌人、外星人）。重要的是，当我们谈论脑海中的声音时，我们会发现，精神疾病和健康之间的区别不是一个二元对立的问题，比如病理与健康，而是文化和阶层。关于人类大脑的一件怪事是，大约 1/10 的人会听到某种声音，并将其归于外部因素。[8] 我们仍在试图了解为什么会发生这种情况。

最主要的是，我们的脑海中都有某种形式的声音。语言的流动与我们的内心世界如此紧密，以至于即使在声音受损的情况下，它依然存在。[9] 例如，有些口吃的人说，他们在头脑中说话比说出口更加流利。尽管使用手语的聋哑人有独特形式的内心语言，他们还是会自言自语，包括无声地对自己做手势，类似于那些听力完好的人私下里的自言自语。[10] 脑海中的声音是心理的一个基本特征。

如果你曾通过默默重复来记电话号码，回放一段对话来想象你当时应该说什么才能有更好的效果，或者口头指导自己解决一个问题、学习一种技巧，那么你就已经使用了脑海中的声音。大多数人每天都依赖于此并从中受益。当脱离当下的时候，他们往往是在和那个声音交谈，或者听到了它要说的东西——它可能有很多话要说。

我们语言的思想流非常勤奋，一项研究表明，我们在内心跟自己说话的速度相当于每分钟大声说出 4 000 个单词。[11] 我们换个角度，可以想想当代美国总统的国情咨文演说，一场演说通常有 6 000 个单词，持续一个多小时。[12] 我们的大脑在短短的几十秒内几乎塞进了同量的"废话"。这意味着，如果绝大多数人一天中有 16 个小时是清醒的，脑海中的声音在其中大约一半的时间里是活跃的，那么从理论上讲，我们每天大概可以听完 320 篇国情咨文。你脑子里的声音是个语速极快的健谈者。

尽管脑海中的声音在大多数时候都能很好地发挥作用，但它经常会在我们最需要它的时候开始喋喋不休，尤其是当压力上升、风险增高，并且我们遇到需要最大限度的镇静来应对负面情绪的时候。这种喋喋不休有时候以漫无边际的自言自语的形式出现，有时表现为我们和自己的对话。它有时是一种强迫性的对过去事件的重复（反刍思维）；有时是对未来的事情焦虑不安的想象（担心）；有时是一种在消极情绪和想法之间自由联想的弹球游戏；有时是对一种特定的不愉快的感觉或者观念的执迷不悟。然而，当脑海中的声音失去控制，喋喋不休的思维杂念占据精神的麦克风时，上述状态就会显现，于是大脑不仅会折磨我们，还会麻痹我们，导致我们做出一些伤害自己的事情。[13]

这就是我发现自己深夜拿着一支滑稽的小棒球棒向起居室的窗户外偷偷张望的原因。

管理内心对话

在职业生涯中，我最重要的见解之一就是，减少喋喋不休和控制我们脑海中声音的必要手段不是我们需要去寻找的东西。它们经常待在显而易见的地方，等着被使用。它们存在于我们的心理习惯、古怪的行为和日常生活中，也存在于和我们互动的人、组织和环境中。我将在本书里揭示这些工具，不光解释它们是如何工作的，而且阐述它们是怎样通过鬼斧神工的进化组合在一起形成工具箱，来帮助我们管理和自己的对话的。

在接下来的章节中，我将向你们展示我的研究，同时讲述那些与脑海中的喋喋不休做斗争的人的故事。你将了解美国国家安全局（NSA）前特工弗雷德·罗杰斯、马拉拉·优素福·扎伊、勒布朗·詹姆斯、太平洋特罗布里恩群岛岛民，以及许多就像你我一样的人的精神生活。但在展开叙述之前，我们先来看看脑海中的声音到底是什么，还有它为我们做的所有奇妙的事情。然后，我将带领大家了解我们与自己对话的阴暗面，以及喋喋不休真正的可怕程度——它会伤害我们的身体，破坏我们的社交生活，扰乱我们的事业。这种内在声音不可避免的张力既是有益的超能力，又是伤害我们的毁灭性克星，我认为这是人类大脑产生的巨大困惑。声音怎么可能在作为最好教练的同时也是最糟糕的批评者呢？本书其余的章节将会描述能够减少喋喋不休的科学技巧，它们可以快速地帮助我们解开头脑中的困惑。

击败喋喋不休的关键不是停止自言自语。挑战在于怎样可以更加富有成效地自言自语。幸运的是，造物者精巧设计出的大脑和你周围的世界可以帮助你精准地做到这一点。但在我们进入如何控制大脑声音的章节之前，我们需要回答一个更加基本的问题。

我们为什么会有喋喋不休的思维杂念？

第一章

我们与自己的对话

纽约的人行道是匿名者的“高速公路”。白天，数百万急切的行人在路面上阔步前行，他们脸上就像戴了面具一样，不露声色。同样的神情弥漫在街道下的平行世界——地铁中：人们读书、玩手机，或者凝视虚空，他们的脸和他们的所思所想脱节了。

当然，800 万纽约人表情莫测的面孔掩盖了他们学着建造的“空白墙壁”另一边丰富多彩的世界：一幅隐藏着丰富而活跃的内心对话的“思想图景”，其中经常充斥着喋喋不休。毕竟，纽约居民的神经质几乎和他们的粗鲁一样出名。（作为一名原住民，我是带着爱意这么说的。）不妨想象一下，我们如果能钻透他们的面具，偷听其内心的声音，可能会学到什么。事实上，这正是英国人类学家安德鲁·欧文所做的事。他从 2010 年开始，在 14 个月的时间[1]里聆听了 100 多名纽约人的心声。[2]

尽管欧文希望能了解人类大脑的原始语言生活，或者更确切地说，是大脑的音频样本，但他研究的起源实际上与他对人类如何处理死亡意识的兴趣有关。作为曼彻斯特大学的教授，他早期在非洲做过田野调查[3]，分析了确诊的艾滋病患者的内心独白。不出所料，他们的思绪被焦虑、不确定性和由诊断产生的情感痛苦搅得一团乱。

现在，欧文想将这些发现与另一组人的情况进行比较，那些人肯定也有烦恼，但最开始时未必是愤愤不平的状态。为了落实计划，他仅仅（并且勇敢地！）在大街上、公园和咖啡馆里接触纽约人，通过解释自己的研究，询问他们是否愿意在他进行远距离拍摄时对着录音设备大声说出自己的想法。

有时，极少数人会说好；其他时候，只有一个人同意。可以预料的是，大多数纽约人会因为太忙或心存疑虑而拒绝。最终，欧文收集了约 100 个用他自己的话来说是“内部代表的演讲数据流”，时长从 15 分钟到一个半小时不等。显然，这些录音并不能为人们提供进入大脑后台的全通道，因为某些参与者可能夹杂了一些表演元素。即便如此，它们还是为人们提供了一个非同寻常、直言不讳的窗口，有助于大家了解日常生活中内心展开的对话。

在欧文的研究中，每个人的脑海里都充斥着平凡无奇的问题。许多人就他们在街上看到的事情发表了评论，例如，其他行人、司机和交通状况，以及他们需要做的事情。但除了这些平凡的沉思，还有一大堆关于个人创伤、痛苦和担忧的独白。

人们的叙述往往落脚于消极的内容，完全没有过渡，就像一马平川的思想之路上突然出现了大坑洞。举例来说，欧文的研究里有一位名叫梅瑞迪斯的女性，她的内心对话呈现出从日常事务到生死问题的急剧转变。

“我想知道这附近是否有史泰博公司。”梅瑞迪斯说，就好像突然变道了一样，她又把话题转移到一位最近被诊断出患有癌症的朋友身上，“你知道的，我以为她会告诉我她的猫死了。”她过了马路，接着说：“我已经准备好为她的猫痛哭一场，但之后又试着别为她哭泣。我的意思是，没有琼（朋友的名字）的纽约实在……让人无法想象。”她开始哭。“不过，她可能会没事的。我喜欢那句话，有 20% 的概率能治好。她的一位朋友这样说：‘你会乘坐一架有 20% 概率坠亡的飞机吗？’不，当然不会。尽管如此，这件事还是让人很难过。她的确玩了一把文字游戏。”

梅瑞迪斯似乎在通过思考来消化坏消息，而不是一味地沉溺其中。有关不愉快情绪的想法不一定非得是喋喋不休的，这就是一个恰当的例子。她没有开始螺旋式地膨胀。几分钟后，她穿过了另一条街，语言流转到手头的工作上。“我看看，那边有史泰博公司吗？我觉得有。”

当梅瑞迪斯在应对要失去一位挚友的恐惧时，一位名叫托尼的男子却专注于另一种悲痛：失去一段关系中的亲密感，甚至也可能是这段关系本身。他背着斜挎包，走在人来人往的人行道上，开始滔滔不绝地阐述自己的想法："走开……听着，别抱怨了，要么就往前走。走开就好了。我明白'别告诉所有人'的道理，但我不是所有人。你们两个就要有自己的孩子了。能打电话告诉我就已经很好了。"被抛弃的感觉显然深深地伤害了他。在寻找解决问题的方法和可能会导致徒劳沉湎的痛苦间徘徊的他，似乎在某种支点上找到了平衡。

"清楚了，完全清楚了。向前看吧。"之后，托尼说道。他使用的语言不仅表达了情感，也表明他找到了应对该种情况的最佳方法。"问题是，"他继续说，"这可能是条出路。他们告诉我他们有孩子的时候，我感觉有点儿不能接受，感到有点儿被排挤了。但现在它可能是个逃生出口。我之前很生气，但必须得承认，我现在没那么生气了。现在它将是我的优势。"他温和而苦涩地笑了一声，然后叹了口气。"我确信这是一条出路……我正积极地看待这个问题……我的气已经消了。我感觉你们俩就是天造地设的一对……并且你们现在已经是一家人了。我另有出路……昂首阔步地走吧！"

还有劳拉。

劳拉焦躁不安地坐在咖啡店里。她在等待男友的消息，对方去了波士顿。问题是，他本应回来帮她搬去新公寓。她从前一天开始就在等他的电话，因为那天晚上，她确信男友遇到了某种致命的事故，于是在电脑前坐了 4 个小时，每分钟都以“车祸”为关键词刷新搜索记录。然而，正如她提醒自己的那样，她强迫性的消极担忧不仅仅是关于一场可能涉及男友的车祸——他们维持着一种开放式关系，尽管这从来都不是她想要的，而且它已变得难以经营。“它是接受性自由的关系，”她告诉自己，“但这从来都不是我真正想要的东西……我不知道他在哪里……他可能在任何地方，可能跟别的女孩儿在一起。”

当梅瑞迪斯相对平静地（在得知朋友确诊癌症时哭泣是很正常的）处理令人沮丧的消息，托尼冷静地指导自己向前看的时候，劳拉却被困在不断重复的负面想法中。她不知道该怎样继续生活。与此同时，她内心的独白回到过去，反思着把她的关系带到如此境地的那些决定。对她来说，过去与现在非常相似。梅瑞迪斯和托尼的情况也是如此。他们独特的处境使其以不同的方式面对各自的经历，但都在应对已经发生的事情。同时，这些独白带着疑问——将会发生什么或者自己该如何应对——投射到未来。这种在他们的内心对话中穿越时空的模式突出了我们都注意到的关于自己心理的一点：它是一个狂热的时间旅行者。[4]

虽然感怀往事会将我们引入喋喋不休的频道，但回忆过去或者憧憬未来并没有本质上的害处。有进行精神层面的时间旅行的能力是人类大脑一个极为宝贵的特征，它允许我们以其他动物做不到的方式理解自己的经历，更不用说为未来的突发事件做应对计划了。就像和朋友们谈论我们已经做的、将要做的或想要做的事情一样，我们也会和自己谈论同样的事情。

欧文实验中的其他志愿者也表现出对如下情形的关注，即将时间维度上的跳跃与内心快速流利的讲话交织在一起。例如，一位上了年纪的妇女在过桥时回忆说，当她还是小女孩的时候，她和父亲一起走过这座桥，当时有个男人跳桥自尽了。这是一段不可磨灭的记忆，部分原因是她的父亲是一名专业摄影师，他拍下了那一刻，最后照片还刊登在一份全市发行的报纸上。与此同时，一位35岁左右的男子在穿过布鲁克林大桥时，想到建造这座桥耗费的人力，便对自己说，即将开展的新工作一定会成功。一名在华盛顿广场公园等待相亲的女子回忆起她出轨的前男友，这引发了她对两性关系和精神超越的渴望的遐想。其他参与者谈到了他们可能会面临的经济困难，而另一些人的焦虑则集中在十多年前即将发生的一个事件："9 · 11"。

与安德鲁·欧文慷慨分享自己想法的纽约人，体现出我们的默认状态广泛多元、质感丰富的本质。内心对话以截然不同的方式把他们带进"内心"，引导他们进入五花八门的语言思维流。他们私人谈话的细节就像他们的个人生活一样特别。但从结构上讲，他们大脑内部的活动非常相似。他们经常处理负面的“内容”[5]，其中很多是通过联想产生的，即一个想法与另一个想法的碰撞。有时候他们的语言思维是建设性的，有时则不是。他们花了相当多的时间考虑自己，其思想受自身经验、情感、欲望和需求的吸引。毕竟，以自我为中心的本质是默认状态的主要特征之一。[6]

纽约人有这些共同点，但他们的独白也凸显了其他普遍存在的人性：脑海中的声音总是有话要说，提醒我们不可避免地需要用大脑来理解自身经历，以及语言在帮助我们这么做时所扮演的角色。

毫无疑问，我们的情感和思想都是非语言形式的[7]，例如，视觉艺术家和音乐家正是在追求这种精神层面的表达。但人类生活在一个拥有言辞的世界，语言是我们大多数时候与他人交流的方式（虽然肢体语言和手势显然同样有帮助），也是我们大部分时候与自己交流的方式。

我们的大脑天生善于断开与周围发生事情的联系，这使得大脑中产生了一种我们在醒着的大部分时间里都会投入其中的对话。它引出了一个关键问题：为什么？进化会选择拥有生存优势的品质。根据这一原则，如果这样做不能增加我们生存的适应性，我们就别指望人类会如此频繁地自言自语。但是，脑海中声音的影响往往是如此微妙和基础，以至于我们很少能意识到它为我们所做的一切。

伟大的多任务处理者

在讨论大脑如何运作时，神经科学家经常会提到神经再利用[8]的概念，即我们使用相同的大脑回路来达到多个目的，对我们可支配的有限神经资源物尽其用。比如，你的海马体——深埋于你大脑中的海马状区域，负责形成长期记忆，并且帮助我们进行空间导航和位移。大脑是一个才华横溢的多任务处理者，否则它得有一辆公交车那么大才能支撑多如牛毛的功能。事实证明，我们脑海中的声音同样是一个惊人的多任务处理者。

大脑的基本任务之一就是为众所周知的工作记忆的"引擎"提供动力。人类天生有一种把记忆概念化为浪漫、长期和怀旧感觉的倾向。我们认为记忆是过去之地，充满了能够与我们共存且能构成生活故事的瞬间、影像和感觉。但事实是，每一分钟，持续不断的刺激（声音、景象、气味等）都相当让人分心，我们必须不断地回忆细节，"引擎"才能发挥作用。我们很可能会忘记大部分不再有用的信息，但那没关系。在信息活跃的短暂时间内，我们需要"引擎"运转起来。

工作记忆能让我们参与工作讨论，进行即兴晚餐谈话。多亏了它，我们才能记住别人几秒前说了什么，然后以一种相关的方式将其融入不断推进的讨论。工作记忆让我们能够读菜单，然后点餐（同时还能保持内心对话）。它允许我们写一封紧急但没有长期存档意义的邮件。简而言之，它让我们在这个世界上得以以人的身份去做事。当它停止工作或者运行欠佳时，我们就会连最普通的日常活动的能力（就像让孩子们打包午餐的同时督促他们刷牙，同时想着当天晚些时候你要开什么会一样）都没有。与工作记忆相连的是脑海中的声音。

工作记忆的一个重要组成部分是专门管理口头信息的神经系统，它被称为“语音回路”[9]。最简单的理解是，它是大脑对当前发生在我们周围的、与语言有关的所有信息的交流中心。它有两部分：“内耳”，能让我们将刚听到的单词记住几秒；“脑海中的声音”，能让我们在脑中重复这个单词，就像我们练习演讲、记忆电话号码或者重复诵词一样。我们的工作记忆依赖“语音回路”，语言神经通路保持在线的话，我们就可以在外部高效工作的同时进行内部对话。我们在婴儿期就建立了大脑和世界之间的语言门户[10]，它一旦就位，就会推动我们走向精神发展的其他里程碑。事实上，“语音回路”远远超出了我们对即时情况做出反应的范围。

我们的语言能力与情感的发展是齐头并进的。在蹒跚学步的时候，大声对自己说话可以帮助我们学会控制自己。20 世纪初，苏联心理学家利维·维果斯基是最早探索语言发展和自我控制之间联系的人之一。[11] 他对那些大声自言自语的孩子的奇怪行为很感兴趣，比如，他们会一边指导自己，一边进行自我批评。任何花过大量时间带孩子的人都知道，孩子们经常会和自己进行全面且自发的对话。这不仅仅是玩耍或者想象，还是神经系统优化和情感成长的标志。

与当时认为这种行为是不成熟发展标志的其他著名思想家不同，维果斯基认为语言在我们逐渐学会控制自己的过程中扮演着关键的角色，该理论后来得到了数据上的佐证。他相信我们学习管理情绪的方式始于我们与主要照顾者（通常是父母）的关系。这些有威信力的人给了我们指示，我们会大声地对自己重复这些指示，经常模仿他们所说的话。起初，我们这么做时会发出声音。随着时间的推移，我们逐渐将他们传递的信息内化为无声的内心演讲。后来，随着进一步的发展，在往后的生活中，我们会用自己的语言来进行自我控制。大家都知道，这并不意味着我们总是按照父母的想法行事——我们的语言流最终形成了自己独特的样子，它会创造性地指导我们的行为——但这些早期的经历对我们影响深远。

维果斯基的观点不仅仅解释了我们是如何学会使用脑海中的声音来控制自己的，还为我们提供了一种理解后天教养如何“调谐”内部对话的方法。几十年来对社会化的研究表明，环境影响了我们看待世界的方式，包括我们对自我控制的看法。[12] 当我们还是孩子的时候，父母为我们树立了自我控制的榜样，他们使用的方法会影响我们脑海中声音的发展。父亲可能会反复告诉我们，永远不要用暴力来解决冲突；母亲可能会再三告诉我们，永远不要在一次失望后就放弃。随着时间的推移，我们会对自己重复这些说法或做法，而它们会开始塑造我们的语言流。[13]

当然，父母的权威声音本身也受到更广泛的文化因素的影响。[14]例如，在大多数亚洲国家，强出头是不受欢迎的，因为它会威胁社会凝聚力。相比之下，像美国这样的西方国家非常崇尚孩子的独立性，父母会为孩子的个人追求而喝彩。宗教及其所传授的价值观也同样渗透我们的家庭规范。[15]简而言之，文化的声音影响父母脑海中的声音，而这又会影响我们脑海中的声音，如此这般，经过许多代的文化和一代又一代的人，最终为我们的思维定下了基调。我们就像进行心灵对话的俄罗斯套娃一样。

文化、父母和孩子间的影响并不是单向的。孩子们的行为方式同样会影响父母脑海中的声音，人类当然也会在塑造和重塑我们更伟大的文化中发挥作用。从某种意义上说，当我们还是孩童时，我们脑海中的声音是由外而内地进入脑海的，直到后来，我们由内而外地说话，并且影响身边的人。

维果斯基没能活着看到的最新研究推进了他的理论，研究表明，在交流模式丰富的家庭中长大的孩子会更早地发展出内心语言。[16]研究还证明了拥有假想中的朋友可能会刺激儿童的内部语言能力。[17]事实上，新兴的研究表明，想象游戏可以促进自我控制及其他许多令人向往的能力的形成[18]，比如创造性思维、自信、良好的沟通力等。

脑海中的声音帮助我们控制自己的一个重要方式是让我们在朝着目标努力的过程中对自身进行评估。几乎就像手机上的跟踪应用程序一样，它用默认的状态监视我们，看我们是否在工作中达到了年终加薪的标准，是否正在朝着开餐馆的副业梦想前进，或者是否与心仪朋友的关系突飞猛进。这种情况发生的时候经常伴随着一个突然出现在我们脑海中的想法，就像出现在你手机锁屏上的约会提醒一样。事实上，我们脑海中最为常见的一种无意识的想法就是与目标有关的。[19]脑海中的声音提醒我们注意盯紧目标。

要实现目标就涉及在众所周知的岔路口做出正确的选择，这就是为什么脑海中的声音也允许我们进行心理模拟。[20]我们在进行创造性的头脑风暴——例如，在寻找做展示的最佳方式，或者为正在写的一首歌编排最佳旋律——时会在内心探索不同的可能路径。在通常情况下，甚至在为一场展示写文案或是触碰一件乐器之前，我们就已经利用内省能力决定了最好的行为顺序。同理也适用于处理人际关系的危机，就像托尼在纽约散步时想着没有告诉他怀孕消息的朋友们做的那样——他在考虑自己是应该接近朋友还是与之保持距离。这种多重现实的头脑风暴甚至发生在我们的梦里。

在历史上，心理学家认为梦是大脑中的一个房间，梦中发生的事情和我们醒着的时候发生的事情截然不同。[21] 当然，弗洛伊德认为梦是通往潜意识的康庄大道，是一个上了锁的盒子，里面装着我们被压抑的冲动，精神分析则是打开它的钥匙。他认为，我们睡觉的时候卸下了防备，文明的礼仪也随之关闭，恶魔就会跑出来到处嬉闹，由此暴露我们的欲望。之后，早期的神经科学出现了，它去除了精神分析学派所有黑暗和顽皮的浪漫，取而代之的是对大脑物理运作冷静严肃的态度。它认为，梦只不过是解释大脑在快速眼动睡眠期脑干随机放电的方式。在“梦之屋”的门外是性象征主义，虽然这么说有点儿疯狂，但很有趣，随后而来的是更有科学依据（一点儿也不淫秽）的神经元结构。

采用了更先进技术的现今研究表明，梦实际上与我们清醒时所经历的自发的语言思维有许多相似之处。[22] 它证明了我们清醒时和睡着时的语言思维会进行交谈。幸运的是，这并不能实现俄狄浦斯[①]式的愿望。

它可以帮助我们。

不断涌现的证据表明，梦通常是功能性的，并且非常符合

① 俄狄浦斯是希腊神话中的悲剧人物，他在不知情的情况下，杀父娶母。“俄狄浦斯情结”又称“恋母情结”，是精神分析学的术语，由该学派的创始人弗洛伊德提出。——编者注

我们的实际需要。[23] 你可以把它们想象成有点儿古怪的飞行模拟器。它们通过模拟将要发生的事件来帮助我们为未来做准备，把我们的注意力引向潜在的真实场景，甚至是需要提防的威胁。尽管我们还要了解很多才能明白梦究竟是如何影响我们的，但在白天或者夜晚结束时，它们只是头脑中的故事而已。可以肯定的是，在现实生活中，我们脑海中的声音大声地讲述着最基本的心理学故事：我们的身份。

语言流在创造自我的过程中扮演着不可或缺的角色。[24] 大脑会通过自传式的推理构建有意义的叙述。换句话说，我们会用思想来书写以自己为主角的生活故事。这样做可以帮助我们变得成熟，明确自身的价值和愿望，扎根于持续未变的身份，从而经受外界变化和逆境的考验。语言在这一过程中是不可或缺的，因为它会将日常生活中参差不齐、看似没有联系的片段铺平，形成一个连贯的整体。它会帮助我们把生活“故事化”。大脑的语言塑造了过去，从而为我们建立了通向未来的叙事。通过在不同的记忆片段之间来回穿梭，我们的内心独白编织了一段关于过往的神经叙事。它把过去填进了大脑构建身份的缝隙里。

大脑处理多任务的能力多种多样且至关重要，脑海中的声音亦然。但要真正理解它深刻的价值，我们就必须考虑如果语言的思想消失了，会出现什么情况。这听起来也许不太可能，但我们不必仅凭想象创建这种场景，因为在某些情况下，这样的场景的确会出现。

情绪是由你想了什么决定的

1996 年 12 月 10 日的早晨，吉尔·伯特·泰勒像往常一样从睡梦中醒来。作为一名 37 岁的神经解剖学家，她在哈佛大学的一间精神病学实验室里从事研究大脑构成的工作。她的工作包括描画大脑皮层的景观，以理解细胞间的相互作用和它们产生的行为，这种驱动力源于她的家族史。她的哥哥患有精神分裂症，尽管不指望他的病能被治愈，但这个问题促使她试图解开大脑的奥秘。她一直在这么做，直到有一天她自己的大脑停止了正常的运转。[25]

泰勒起床后在有氧运动机上做早操，但她感觉不太对劲儿。她的眼后产生了一种脉动性的疼痛，就像冰激凌头痛①一样，来来去去、反反复复的。然后，只要她一开始锻炼，奇怪的事就会发生。在机器上，她感觉身体反应变慢了，知觉减弱了。“我再也不能确定身体的能力界限在哪儿了。”她后来回忆道，“我无法掌控我的动作从哪里开始，在哪里结束。”

① 冰激凌头痛又称“大脑冻结”“冷刺激头痛”，多在热天发生，一般是在快速摄取冰激凌等冷冻食物或冷饮后产生的疼痛。——编者注

她不仅在实体空间里失去了对身体的感觉，也开始失去了自我认知感。她感到自己的情感和记忆渐渐远去，仿佛要离开她去别处居住。她原本正常的感知和反应间的连续火花逐渐变小了。她感到自己的思想在变形，话语也在随之走样。她的语言流慢得就像一条逐渐干涸的河流。她大脑的语言系统坏了。

她左脑的一根血管爆裂了。她患了中风。

尽管身体动作和语言能力遭到了严重的阻碍，她还是设法给同事打了电话，对方很快就料到出了问题。不久之后，泰勒发现自己躺在一辆开往马萨诸塞州总医院的救护车后排。“我感觉我的精神投降了，”她说，“我不再是自己人生的编剧了。”她确信自己会死，并做好了与世长辞的准备。

但她没死。那天下午晚些时候，她在医院的病床上醒来，惊讶地发现自己还活着，尽管在很长一段时间内，其生活将不复往昔。如她所知，她脑海中的声音已经消逝。“现在我的语言思维毫无连贯性、支离破碎，还会不时地被沉默打断。”她后来回忆说，“我独自一人。这一刻，我感到很孤独，除了规律的心跳，什么也没有。”她甚至无法和思绪对话，因为她已经没有曾经拥有的思想了。

由于工作记忆罢工，她连最简单的任务都无法完成。她的“语音回路”似乎已经解体，自我对话也陷入沉默。她不再是一个能够重温过去、想象未来的精神层面的时间旅行者了。她感到一种从未想象过的脆弱，就像在外太空里独自旋转一样。她默默地想，语言是否会完全回到她的精神生活中来。没了口头自省，她就不再是以前大家所熟知的那个意义上的人了。“没了语言和线性处理能力，”她写道，“我就觉得自己和过去的生活脱节了。”

最重要的是，她丧失了身份。脑海中的声音让她在近40年的时间里构建的叙述烟消云散。用她的话来说，“脑子里细小的声音”使她成为她自己，但现在它沉默了。“那么，我真的还是我吗？当我不再分享吉尔·伯特·泰勒博士的人生经历、思想和情绪依恋感时，我怎么可能还是她呢？”

当我想象遭遇吉尔·伯特·泰勒的经历会是什么样子的时候，我内心充满了恐慌。失去与自己对话的能力，失去用语言来挖掘自己直觉的能力，失去把个人经历整合成一个整体或者失去规划未来的能力，听起来比收到一封疯狂跟踪者的来信还要糟糕。然而，她的故事在这一点上变得更加奇怪，甚至更迷人了。

泰勒并没有我想象的那么害怕，她也与其他有相同处境的人不同。值得注意的是，一生的内心对话消失后，她感到了一种前所未有的安慰。“在我遭受精神创伤的大脑里不断增长的空虚感非常诱人。”她后来写道，“我很高兴喋喋不休的沉默间隙给我带来了喘息的机会。”

用她自己的话说，就是她去了“爱乐之城”[1]。

一方面，被剥夺了语言和记忆会给人带来可怕的孤独的感受；另一方面，它是令人心醉神迷、欢欣鼓舞的解放。跳出过去的身份，她也可以从所有反复出现的痛苦回忆、当下的压力及迫在眉睫的焦虑中解脱。没有脑海中的声音，她就摆脱了喋喋不休。对她来说，这种交易是值得的。她后来回忆说，这是因为她在患中风之前没能学会如何管理嘈杂的内心世界。和所有人一样，当陷入负面情绪的旋涡时，她很难控制自己。

患中风两周半后，泰勒接受了手术，从大脑中移除了高尔夫球大小的血块。她将耗费 8 年时间才能完全康复。她在继续进行大脑研究的同时，也与世界分享了她的故事。她指出，当内心的批判沉默之后，她能感受到巨大的宽恕和幸福感。正如她所描述的那样，她现在是“一个认为关注自我对话对心理健康来说至关重要的观点的虔诚信徒”。

她的经历以非常生动的方式告诉我们，我们在脑海中的声音里挣扎的程度有多么深，以至于让我们运转、思考和成为自己的语言思维流消失后，我们普遍会有良好的感觉。这是一个能够证明脑海中的声音多么有影响力的惊人证据。在较为普通的情形里，相关研究也证实了这一现象。我们的思想不仅会破

---

① “爱乐之城”特指一种幻想的状态或者梦幻世界。——译者注

坏经验，而且它们几乎可以抹掉其他的一切。

2010年发表的一项研究证明了上述观点。科学家们发现，内心的体验始终强于外在的体验。[26]参与者在想的事情会比他们实际做的事情更好地预测他们的幸福。这证明了很多人都有过的一种苦涩经历：你现在的处境应该是快乐的（比如，和朋友在一起或者庆祝一项成就），但反刍的想法吞没了你的大脑。你的情绪不是由你做了什么，而是由你想了什么来决定的。

当脑海中的声音安静下来的时候，人们之所以感到解脱并非因为它是我们进化中的诅咒。如我们所见，头脑中有声音是因为它是一份从早到晚陪伴我们的独特礼物。它让我们在世界上活动，实现目标，创造、联结，并且以美妙的方式定义我们是谁。但当它变得喋喋不休的时候，它往往会非常强悍且让人难以招架，以至于让我们忽略了这一点：它甚至可能会让我们希望最好完全没有内在的声音。

然而，在我们深入了解如何控制语言流之前，我们需要了解喋喋不休的不利影响，并在最初发现它时就进行干预。当你仔细观察破坏性的语言思维对我们的思想、身体和人际关系造成的影响时，你就会发现在纽约的大街上掉几滴眼泪其实是小事一桩。

第二章

内省反而会
加剧压力

第一记暴投似乎是一次意外的挫折。[1]

那是2000年10月3日，美国职业棒球大联盟季后赛首轮中圣路易红雀队和亚特兰大勇士队之间的第一场比赛。红雀队的投手里克·安基尔看着他刚刚扔出的球在地上反弹，越过接球手，然后击中了挡球网。当跑垒员从一垒跑向二垒时，观众发出了一种温和的、几乎是支持他的惊讶之声——毕竟，他是在自己的主场圣路易斯布什体育场打球——尽管没有理由认为是他的野传球影响了该局的平衡。在棒球比赛中，即使是最好的投手也会偶尔出现投球偏离问题，并非普通投手的安基尔也不例外。

当17岁还是高中生的安基尔以投出每小时94英里的快速球被球队选中时，球探和评论员都认为他有潜力成为几十年来比赛中最好的投手之一。两年后，他在大满贯中的初次亮相没有让人失望。在2000年的第一个完整赛季里，他三振194名击球手，赢得了11场胜利，助球队进入季后赛。一切都预示着他将有一段辉煌的职业生涯。因此，他被选为那年 10 月季后赛第一场对阵勇士队的开赛投手也就不足为奇了。他所要做的不过是一生中最擅长的事：投球。

安基尔试图忘掉那记暴投。这对他来说是反常的，但没什么好担心的。才打到第三局，他的球队就已经戏剧性地以 6 比 0 领先了。除此以外，这记投球甚至没那么疯狂——它只是以错误的方式从地上弹起，逃离了接球手。开局让人感觉良好，所以他很快摆脱了暴投带来的不良感觉。然而，当他在投球区的土墩上振作精神时，一种带着刺痛的想法却在他的脑海里扎了根。他对自己说，伙计，我刚刚在全国性的电视直播中掷出了一记暴投。[2] 他不知道的是，他的确有事要担心。

片刻之后，在捕捉到接球手发出的信号后，安基尔做出了左撇子爆发性的挥臂准备投球的动作……并且掷出了另一记暴投。

这一次，人群发出“哦”的声音更大，时间也更长[3]，大家好像感到有什么东西消失了。二垒的跑垒者奔向三垒。21 岁的安基尔嚼着口香糖，面部表情莫测，内心却一点儿也不平静。当他的接球手再次捡回球时，随着时间在午后的阳光下一分一秒地过去，安基尔感到自己的思想失去控制，落入了那个被他称为“魔鬼”——残酷的内心批判者——的手中，一连串恶毒的言辞足以毁掉他多年的辛勤工作，它比看台上 52 000 名球迷的声音还要响亮。

安基尔感到焦虑、恐慌、害怕。

作为一名一切岌岌可危的年轻球员，他再也不能忽视自己巨大的脆弱感了。

也许安基尔看起来像是“美国梦”的闪亮化身——一个来自佛罗里达小镇的孩子展现了自己非凡的天赋——但他的童年与如此独特的叙述并不相符。他的父亲不仅是个小偷小摸之人，还是个瘾君子，所以他在言语和身体上都遭受过虐待，对情感痛苦有着超出自己年龄的深刻了解。这就是棒球对他来说不仅仅是一份职业的原因。球场是一个神圣、安全的地方，能让他感觉良好，那里其乐融融，一切都很轻松，与他的家庭氛围截然不同。只是现在，一种奇怪的似乎无法控制的事情开始发生，这压倒了他的理智，使他充满恐惧。

不过，他决定重振雄风。他把注意力集中在自己的重心、站姿和手臂上。他所要做的就是把挥臂投球的准备动作做到位。然后他又紧张了起来。

他掷出了另一记暴投。

又是一记暴投。

再来一记。

在红雀队放弃更多的跑垒之前，安基尔就退出了比赛。他和内心的“魔鬼”一起躲进了球员休息区。

他那天在投球区土墩上的表现既尴尬又出人意料。上一次有投手在一局之内掷出5记暴投已经是100多年前的事了。但如果不是因为随后发生的事情，这场赛事也不会作为最惨不忍睹的比赛之一被记录在棒球史中。

9天后，当安基尔被召上场对阵纽约大都会队时，同样的事情又发生了。"魔鬼"卷土重来，他掷出了更多的暴投。他再一次从投球区的土墩上退下来，这次甚至连第一局都没打完。尽管他短暂的大联盟投手生涯实际上已经结束了，然而羞辱并未就此终结。

接下来的赛季开始后，安基尔又参加了几场比赛，他不得不在上场前通过喝酒来保持镇定，但即使酒精也不能帮助他冷静下来。他的投球没有任何改善。然后，他被送到了职业棒球小联盟，在那里度过了令人沮丧的3年，直到2005年，年仅26岁的他决定从棒球圈退役，过早地以悲剧收场。

"我再也不能打棒球了。"他告诉教练。

里克·安基尔再也不会担任职业棒球投手了。[4]

夺走专注力的"心魔"

里克·安基尔并不是首位失去超能力（他最擅长的技能突然之间完全不再是一项特长了）的优秀运动员。当喋喋不休的思维杂念劫持了脑海中的声音时，人们会一次又一次眼睁睁地看着自己花了多年时间掌握的一种才能像一辆破旧的老雪佛兰那样崩溃。这种现象并不仅仅发生在运动员身上，它可能发生在任何一个熟练地完成了某项学习任务的人身上——从背诵课程计划的教师到向投资者讲述推销套话的创业者，再到花了多年时间才掌握操作复杂手术的技能的外科医生。解释这些技能最终会失败的原因与我们和自己的对话会怎样影响我们的注意力有关。[5]

在任何特定的时刻，我们都会被信息——无数的影像和声音，以及这些刺激所激发的思想和情感狂轰滥炸。注意力能让我们过滤不重要的事情，这样我们就能专注于真正重要之物了。[6]尽管我们大部分的注意力是无意识的，比如注意力会自动转向巨大的噪声，但人类如此独有的特征之一是我们能够有意识地把注意力集中在需要我们注意的任务上。

当我们发现自己被情绪淹没，就像安基尔在2000年的那个秋日遭遇的那样时，我们脑海中的声音会做的一件事就是控制我们的注意力，把它缩小到我们遇到的障碍上，排除几乎所有其他事情的干扰。这在大多数情况下对我们很有帮助，但当涉及锻炼我们的注意力，使之成为一种自动学习的技能时，情况就不一样了，就像投球之于安基尔那样。要想理解为什么会这样，不妨看看当自动行为将运动员提升到最令人印象深刻的业绩巅峰时，他们究竟做对了什么。

2019 年 8 月 11 日，美国体操运动员西蒙·拜尔斯在美国体操锦标赛中改写了体育史，成为首位在正式比赛的地板动作中完成自由操团身 1080 度旋空翻的女性。正如一位评论员所写的那样："该动作需要难以置信的几乎是超人般的力量、协调力和刻苦的训练。"[7] 刻意思考每个动作后再执行是不可能的，因为一切充满了变数，重力和物体的物理定律是在电光火石之间发挥作用的。

拜尔斯完成了这个看似不可能做到的动作，她需要绕两根轴旋转身体，并在旋转三次的同时做两个后空翻，因此它被称为"1080 度旋空翻"。我们可以把她完美完成的动作看作她的大脑多年来掌握的所有自动动作——跑、跳、前手翻腾越、后空翻、旋转和落地——的顶峰。为了做到 1080 度旋空翻，她在一项惊人的技艺中加入了一组花费了多年时间才习得，但最终不再需要大脑有意识控制的动作。拜尔斯脑海中的声音并没有引导她做每个动作，尽管这个声音可能在人群发出狂热欢呼时变得欣喜。

像所有的运动员一样，拜尔斯通过练习将一系列的单个动作连在一起，建立了自己的 1080 度旋空翻。最后，动作链中多个单独的元素融合成一组天衣无缝的动作。在大脑能力的激发下，她自动的身体机制（连同令人难以置信的基因）把它们连接在一起，使拜尔斯被载入体育史册。在安基尔崩溃前，他似乎也处在类似的轨迹上，有着完美无瑕的动作和异常强壮的手臂。那么，那天在投球区的土墩上究竟发生了什么？

他断开了连接。[8]

安基尔的语言流变成了一盏聚光灯，明晃晃地把他的注意力投射在投掷动作的每一个分解步骤上，因此似乎不经意地破坏了这组动作。在投出最初的几记暴投后，他在心理上退后一步，专注于投掷的技巧：精心设计臀、腿和手臂的动作。从表面上看，这似乎是明智和直观的——他在召唤大脑修正之前已经成功执行了成千上万次的脚本化行为，但这正是问题所在。

即使你是一位有经验的会计师，你在报税时也会仔细检查报表以确保计算无误。但对于你试图在压力下完成的老生常谈、习惯成自然的行为，比如投球，同样的倾向就会破坏我们业已习得的不假思索就能执行的复杂脚本。这正是脑海中的声音让我们沉浸于某种问题的倾向。它把我们的注意力过度地集中在某个行为上，而各个行为只有组合起来才能发挥作用。这样做的结果是：分析导致瘫痪。[9]

喋喋不休的思维杂念毁掉了安基尔作为投手的职业生涯，但当脑海中的声音背叛我们的时候，自动行为并不是唯一一种会适得其反的技能。毕竟，我们区别于其他动物的一点是，我们不仅有能力执行无意识行为，而且有能力让大脑有意识地集中注意力。

正是逻辑推理、解决问题、多任务处理和自我控制的能力，让我们能够用学识、创造力和聪明才智管理工作与家庭，以及生活中许多其他的重要部分。要做到这一点，我们就必须谨慎、专注且灵活。我们能够做成这些事，要多亏人类大脑的“首席执行官”——执行功能，但它很容易受到脑海中不支持声音的入侵。

执行功能是我们按照自己想要的方式控制思想和行为能力的基础。[10] 它主要由位于人类前额和太阳穴后的脑前额叶的网络支持，其主要工作是在我们的本能不够强大且需要有意识地指导自己的行为时进行干预。它让我们保持头脑中相关信息的活跃度（工作记忆是执行功能的一部分），过滤无关的信息，屏蔽干扰，玩转想法，把我们的注意力引到需要集中的地方，锻炼自我控制力——比如帮助我们抵挡打开一个新浏览器标签的诱惑，让我们别沿着维基百科无关紧要的“兔子洞”渐行渐远。简而言之，如果没有执行功能，我们就无法工作。

你的大脑需要这种神经性领导力的原因是集中注意力、明智地推理、创造性地思考、执行任务通常需要你离开无意识的模式，锻炼有意识的努力。这样做需要执行功能一再发挥作用，因为单次发挥作用的效果有限。[11] 就像打开太多程序时，电脑的运行速度会变慢一样，你的执行功能也会随着需求的增加而减弱。

被称为“神奇的数字 4”的经典例证说明了这种有限的能力[12]，这与我们在任何特定时间里只能在大脑中存储 3~5 个单位信息的能力有关。举个美国电话号码的例子。记住数字 200–350–2765 比记住 2003502765 容易得多。在前一种情况中，你已经把数字分组，所以你记住了三条信息；对于后者，你得试着记住一串不间断的 10 位信息符，这就对你的大脑系统提出了更高的要求。

劳动强度大的执行功能需要利用它能获得的每个神经元，但消极的脑海中的声音会侵占我们的神经容量。[13] 言语反刍把我们的注意力集中在情绪烦恼的源头上，因此偷走了可以为我们更好地服务的神经细胞。实际上，我们忙于“双重任务”——做想做的事情和倾听脑海中痛苦的声音，从而阻碍了执行功能发挥作用。从神经学上讲，喋喋不休就是这样分散且模糊我们的注意力的。

我们都熟悉负面语言流带来的干扰。你有没有在和爱人吵架后，试图去读一本书或者完成一项需要集中注意力的任务？这几乎是不可能做到的。你产生的所有负面想法消耗了你的执行功能，因为内心的批评和咆哮已经占据了“公司总部”，掠夺了你的神经资源。然而，对大多数人来说，问题在于我们进行的活动通常比我们记住书里的信息的投入高太多，这些活动包括工作、追求梦想、与他人互动、被他人评价。

以重复焦虑思想的形式出现的喋喋不休是“焦点式”任务的超强破坏者。无数的研究显示它具有使人衰弱的效果。它会导致学生在考试中发挥得更差[14]；制造怯场心理，使艺术表演者有小题大做的倾向[15]；暗中破坏商业谈判。例如，一项研究发现焦虑会导致人们助人为乐的意愿降低[16]，过早地退出讨论，赚的钱更少。把一切归因于喋喋不休的思维杂念，是一种很好的解释他们工作失败的方式。

在任何一天，我们脑海中的声音都可能因为向无穷无尽的事情倾斜而崩溃。这种情况发生时，我们很难集中精力去应对日常生活中不可避免的挑战，这往往会在我们的内心对话中产生更多的混乱。处于这种挣扎的境地时，我们很自然地就会去寻找摆脱困境的方法。那么，我们到底该怎么做呢？

大约 30 年前，一位温文尔雅的中年心理学家对该问题产生了兴趣。他的研究提出了一个深刻的问题：喋喋不休的威力远远大于我们集中注意力的能力。脑海中的声音也会影响我们的社交生活。

社交媒体会引发社交焦虑

20 世纪 80 年代末，比利时心理学家伯纳德·里姆[17]决定检验遭受喋喋不休带来的强烈负面情绪的冲击是否会使人们参与一个非常社会化的活动：交谈。

在几项研究中，里姆把一些人带到实验室，询问他们是否与他人谈论过曾有的负面经历。然后，他将注意力转向当下，要求人们在数周的时间里，只要一遇到令人心烦意乱的情况，就将其记录在日记中。里姆询问了他们会不会与自己朋友圈里的成员进行讨论。他还做了一些在实验室里激怒参与者，然后观察他们是否会和其他人分享自己反应的实验。

里姆一次又一次地得出了同样的结论：人们觉得有必要与他人谈论自己的负面经历。但事情并非到此为止。人们的情绪越强烈，他们就越想谈论它。此外，他们会在几小时、几天、几周、几个月，甚至余生更加频繁地反复谈论发生过的事情。

不管人们的年龄大小或者受教育程度高低，里姆的发现已被证明属实。它是男女两性的共性，甚至超越了地理和文化。从亚洲到美洲，再到欧洲，他不断地发现同样的情况：强烈的情感就像喷气式飞机的发动机燃料一样，促使人们去分享经历。[18] 这似乎是人之常情。这个法则唯一的例外是当人们感到羞耻时，他们往往会掩饰情感；当人们遭遇某种形式的创伤时，他们会选择语焉不详。

这种一致性令人震惊，尽管它听起来像是证实了一个显而易见的事实。我们都知道，人们会大量谈论激烈的情绪。它不像我们四处给朋友打电话说："嘿，我今天感觉挺好的。"它是从我们脑中的语言流跃入脱口而出的话语里的高潮与低谷。

尽管这听起来正常且无害，但不断地与他人分享我们脑海中负面的声音导致了喋喋不休和社交生活中的一个巨大的讽刺：我们把脑中的想法告诉那些同情我们的听众，以获得他们的支持，但过度倾诉最终会把我们最需要的人推开。[19]喋喋不休造成的痛苦似乎让人们对那些告诉我们什么时候该适可而止的正常社交暗示不那么敏感。需要澄清的是，这并不意味着与他人谈论问题本身是有害的，但它凸显了喋喋不休是如何将在其他方面有益的体验转变为此处的负面体验的。

很多人对自己能听进去的发泄量有接受限度，即便这些发泄来自我们所爱的人。同样，我们在感觉不到自己的声音被倾听时，容忍该种发泄的频率也是有限度的。人际关系建立在互惠的基础上。这就是治疗师收费，朋友却不收费的原因之一。当这种对话的平衡偏向一方时，社会关系就会产生冲突。

更糟糕的是，这种情况发生时，那些过度发泄的人不仅在无意中疏远了周围人，其解决问题的能力也会下降。[20]这让他们更难修补人际关系中的裂痕，于是就产生了一个最终会导致有害结果的恶性循环：孤独和被孤立。[21]

要进一步说明这种渐进式的社会孤立过程是如何运作的，我们可以看看中学生当中普遍存在的情绪骚动。一项对1 000多名中学生进行了长达7个月跟踪调查的研究发现，有强反刍倾向的孩子比有弱反刍倾向的孩子更愿意与同龄人交谈。[22]然而，此事弊大于利。它预示了一大堆令人痛苦的结果：遭受社交排斥和拒绝，成为同伴八卦和流言蜚语的目标，甚至受到暴力的威胁。

不幸的是，儿童和青少年的这种真实情况会延续到其成年。此外，事实证明，即使你有正当理由发泄，过度喋喋不休也会让他人与你保持距离。一项针对悲伤的成年人的研究发现，那些有反刍倾向的人在失去亲人后会寻求更多的社交支持，这很正常。[23]然而，结果令人不安，他们说自己在人际关系中经受了更多的社会摩擦，并且获得的情感支持较少。

不受控制的情感分享并非喋喋不休引发的唯一一种社交排斥力。在冲突中表现固执的人也有可能更具攻击性。[24]一项实验表明，在实验人员对被试所写的文章进行不得体的批评后，实验人员提示被试反刍自己的感受，会使他们对侮辱他们的人抱有更大的敌意。当实验人员让被试制造巨大噪声时，他们会比那些不反刍的人制造得更多、更响。换句话说，我越为你对我做的事耿耿于怀，就会产生越多的负面情绪，结果是我越有可能对你表现出攻击性。喋喋不休还让我们在别人不该遭受攻击的时候转而侵犯他们。[25]例如，老板惹恼了我们，我们就拿自己的孩子出气。

但是这些研究都没有把我们的数字生活考虑在内。在网络分享的时代，里姆关于情感和社交生活的研究显得越发紧迫。脸书和其他类似的社交媒体应用程序为我们提供了改变世界的平台，我们可以在这些平台上分享自己脑海中的声音，倾听别人脑海中的声音（或者至少看看别人想让我们认为他们在想什么）。确实，人们登录脸书时，首先看到的提示就是让他们回答以下问题："你在想什么？"

然后，我们就会分享。

2020年，有近25亿人[26]——几乎占世界人口的三分之一——在使用脸书和推特，他们经常通过这些平台来分享私人想法。[27]值得强调的是，在社交媒体上进行分享并没有什么本质上的坏处。在漫长的人类历史长河中，社交媒体只是我们在当中花费了大量时间的一个新环境，而环境本身并没有好坏之分。它们是帮助还是伤害我们，取决于我们如何与它们互动。[28]话虽如此，然而，当你考虑到必须传播我们思想流的强烈内驱力时，社交媒体有两个令人担忧的特征：同理心和时间。

无论怎么夸大同理心对个人和集体的重要性都不为过。[29]它能让我们与他人建立有意义的联系，也是我们经常发现自己发泄情绪（寻求他人同情）的原因之一[30]，还是维系社区的机制之一。这是我们进化出的一种有助于物种生存的能力。

研究表明，观察他人的情绪反应——看到某人面部肌肉抽搐或者听到他颤抖的声音——可能是激发同理心的有效途径。

但在网络上，日常生活中那些会引发移情反应的微妙的肢体动作、微表情和语调都不存在。[31] 结果，承担关键社交功能的信息——抑制残酷和反社会的行为——从我们的大脑中被移除。换句话说，缺乏同理心往往会导致网络暴力和网络霸凌，进而造成严重的后果。例如，网络霸凌与长期的抑郁、焦虑、滥用药物，以及一些不良的身体状况，如头痛、睡眠障碍、胃肠道疾病，以及压力反应系统运行状况的变化有关。[32]

时间的推移对于帮助我们管理情感生活来说同样重要，尤其是在处理令人烦恼的问题时。[33] 当明确要与某人进行线下交谈时，我们常常要等到见了面，或者他们有空了才能聊天。在等待那人的时候，神奇的事情发生了：随着时间的流逝，我们往往会通过对所思所感进行反思的方式来磨炼情绪。事实上，相关研究支持了“时间能治愈一切”的普遍观点或者是“给它点儿时间”的建议。

现在，让我们把自己移植到数字生活的平行世界中——我们借助智能设备，可以随时进入这个平行世界。社交媒体让我们能够在负面情绪刚一出现就与他人联系，甚至都不用等时间给我们提供机会去重新思考内心的感受或者想好要去做什么。“多亏了”21 世纪的联结度，当我们达到怒火中烧的顶点，脑海中的声音想要从“屋顶”咆哮而出的时候，它一往无前。

我们会发布信息，发送推文，给别人的帖子评论。

随着时间的推移，再加上去掉激发同理心的物理因素，社交媒体成了一个可以接受脑海中声音里不得体的一面的地方。这会在个人和大众层面导致更多的冲突、敌意和喋喋不休。它还意味着我们过度分享了比以往任何时候都要多的东西。

与过长时间及太过频繁地同他人谈论自己的问题类似，过于情绪化的帖子会激怒他人，并且导致他人疏远你，因为它们违反了心照不宣的准则。[34] 用户希望那些在网上过度分享的人能够在线下寻求朋友的支持。不出所料，抑郁症患者——其抑郁程度因语言流而加剧——在社交媒体上会分享更多负面的个人内容。[35] 然而，与不抑郁的人相比，前者实际上认为人际网络没那么有用。

但是社交媒体不仅仅为我们提供了一个（过度）分享头脑中流动的想法和感受的平台，它扰乱我们内心对话的方式也不仅仅与同理心和时间有关。社交媒体还能让我们塑造出我们想让别人认为我们生活中正在发生的事情。我们对发布内容的选择也会加剧别人的喋喋不休。

人类表现自我的需求是强大的。[36] 我们会精心设计外表以影响人们对我们的看法，这是常有的事，但后来社交媒体的出现让我们对如何表现自我有了呈指数级增长的控制力。它能让我们巧妙地策划如何展示生活[37]——“美颜”过的生活版本，去掉了人生中的低谷和不那么赏心悦目的时刻。参与这种表现自我的练习可以让我们感觉更好[38]，满足自己以积极的面貌出现在别人眼中的自我需要，并且振奋我们脑海中的声音。

但有个问题。尽管发布生活中的迷人照片可能会让我们感觉更好，但同样的举动会让浏览我们帖子的用户感觉更糟。这是因为人们在有动力积极展现自己的同时，也被驱使着和别人攀比。[39]社交媒体让我们大脑中关于社会比较的硬件过载。例如，我和同事发表于 2015 年的一项研究表明[40]，人们被动地浏览脸书、窥探他人生活的时间越长，就越嫉妒他们，之后自己的感觉就会更糟糕。[41]

如果在社交媒体上传播感受且参与自我策划的行为会有这么明显的引发喋喋不休的效果，那么，提出我们为什么要继续分享这个问题就是合情合理的。该问题的答案与取舍有关，它通常来自那些当时让人感觉良好但随着时间的流逝会产生负面后果的行为。[42]研究表明，当我们被某人吸引或者摄入令人渴望的物质（比如巧克力）时，我们的大脑回路会变得活跃；在我们与他人分享信息时，大脑回路也会变得活跃。举一个特别引人注目的例子。哈佛大学的神经科学家于 2012 年发表的一项研究表明，相比于获得金钱，人们更愿意与他人分享关于自己的信息。[43]换句话说，社交快感就像神经元的快感，它对我们的多巴胺受体来说是一种美味的刺激。

这一切的重点是，无论是在网上还是在线下，当我们让喋喋不休驱动自身的社交行为时，我们往往会陷入一系列负面的结果。内部和外部对话中最具破坏性的一种情况是，我们经常会获得更少的支持。这开启了社交孤立的恶性循环，进一步伤害了我们。你如果停下来静心听，就会发现很多人实际上会用身体上的“疼痛”来描述他们被别人拒绝时的感受。

从因纽特语、德语、希伯来语、匈牙利语、不丹语，到一些地方方言，如广东话，在世界各地的语言中，人们会用与身体伤害有关的词语来描述情感痛苦——“受损”“创伤”“受伤”等。[44] 事实证明，这样做不仅仅是因为人们有隐喻表达的技巧。在职业生涯中，最让我恐惧的发现之一是，喋喋不休并不仅仅在情感上伤害人们，它对我们的身体也有影响，这体现在经受身体疼痛上，也体现于基因在细胞中运作的方式。

细胞深处的钢琴

纽约市的心碎者们一个接一个地来到我们的地下实验室。[45]

那是 2007 年。我和同事们当时开展了一项更好地了解大脑中的情感疼痛到底是什么样子的研究。我们并没有随意地找一些志愿者参与——这意味着要找到一种有效但仍然合乎道德的方法来让他们在实验室里感觉糟糕——我们找到了 40 名伤心的志愿者：刚刚经历过心碎是我们所知道的最能引发情感痛苦的有力诱因之一。我们在地铁和公园里张贴广告，寻找那些在维持了6个月以上的一夫一妻制关系中被对方抛弃的人。

> 你最近是否经历过一场不希望发生的痛苦分手？
> 你还在对前任念念不忘吗？
> 来参加关于大脑是如何处理情感和身体疼痛的实验吧！

在一个拥有800万人口的城市里，我们很容易找到志愿者。[46]

不过，我们的确做了一件带点儿挑衅性的事。我们让每个志愿者带了一张负心人的照片。带这些照片并不是没来由的。我们希望通过让志愿者们躺在核磁共振扫描仪中，让他们看着单相思的对象，回忆分手那刻的感受，来获得他们喋喋不休的神经快照。但我们还想知道别的事情：大脑处理情感疼痛的方式是否与处理身体疼痛的方式相似。为了达到后者的效果，我们还给他们的手臂加热，那感觉就像一杯热咖啡洒在了手臂上。

实验之后，我们比较了他们看着失去的爱人的照片和模拟碰洒热咖啡时核磁共振的成像结果。令人难以置信的是，大脑在两种感觉体验中起作用的区域出现了高度的重叠。换句话说，我们的研究结果表明，情感痛苦也涉及身体上的因素。

这些研究和其他实验室几乎同时出现的大量研究，开始证明了像社交疼痛这样公认的模糊概念是怎样影响我们体内活动的，尤其是涉及压力的时候。[47]

压力致死一说是21世纪的陈词滥调。这是一种现代流行病，仅在美国就造成了每年高达5 000亿美元的生产力损失。[48]然而，我们经常忽略压力是一种适应性反应的事实。它能帮助我们的身体对潜在的威胁做出快速有效的反应。但当压力变成长期的习惯性的——“战斗或逃跑”的警报失灵时，它就不再具有适应性了。毫无疑问，让压力保持活跃的罪魁祸首就是我们的负面语言流。[49]

当然，此类威胁包括身体上的危险，也包括一系列更常见的体验。例如我们遇到的不确定能否自行处理的情况：舍弃一份工作或者开始一份新工作，与朋友或家人起冲突，搬到一个新城市，面临健康上的挑战，为所爱之人的离世感到悲痛，离婚，住在不安全的社区，等等。这些都是能够引发威胁反应（类似于我们遭遇直接的身体危险时所做出的反应）的不利环境。我们大脑中的威胁“绊线”被激活时，身体会迅速调动各系统保护我们，很像一个国家动员其军队全面出击以抵御敌人的入侵。

最开始，激活会立即在下丘脑中发生，它是大脑中的一个圆锥形区域。当下丘脑从大脑的其他部位接收存在威胁的信号时，它就会触发一系列的化学反应，将肾上腺素释放到你的血液中。肾上腺素会使你的心跳加快、血压升高、精力充沛，感觉也更加敏锐。片刻之后，其释放的压力激素皮质醇会使你的“发动机”保持运转且维持其能量水平。在这一切发生的同时，化学信使也在抑制体内那些对于应对紧急威胁的能力来说无关紧要的系统，比如消化系统和生殖系统。如果你曾注意到处于危机中的时候，你的食欲或者性欲消失了，那就是这些化学信使在起作用。这些变化只有一个目标：提升你快速应对压力源的能力，不管此刻你是在积极地面对那些压力源（就像看到窃贼闯进了你家）还是仅仅在脑海中进行想象。

是的，我们可以仅仅通过思考就产生一种慢性的生理应激反应。当脑海中的声音助长了那种压力时，它就会对我们的健康造成毁灭性的伤害。

无数的研究已经将长期激活压力的反应系统与各种疾病联系了起来，包括心血管疾病、睡眠障碍，以及各种癌症。[50]这就解释了诸如长期感到被孤立和孤独的压力体验，是怎样对我们的健康产生巨大影响的。事实上，没有强大的社交支持网络是导致死亡的一个风险因素[51]，其程度相当于每天吸超过15支烟，比酗酒、不运动、肥胖或者生活在高度污染的城市中的风险更大。

长期持有的负面想法也会导致精神疾病，尽管这不是说喋喋不休和临床抑郁症、焦虑或创伤后应激障碍是一回事。重复出现的负面思想并不等同于这些情况，但这是它们的共同特征。

事实上，科学家认为重复出现的负面思想是许多疾病的跨诊断风险因素[52]，这意味着喋喋不休的思维杂念是多种精神疾病的基础诱因。

但最可怕的是，喋喋不休会加剧压力。当我们的恐慌反应时间延长时，它造成的缓慢的生理侵蚀伤害的不仅仅是我们抵抗疾病和保持身体各系统平稳运行的能力，它还可以改变基因影响我们健康的方式。

我念大学的时候学过一个简单的公式：基因+环境=我们。教授们在一堂又一堂课上告诉我，在塑造人类生活的问题上，基因和环境造成的影响并没有融合。后天培养是一回事，先天遗传是另一回事。这是长期以来的传统观点，但突然间这个观点站不住脚了。令许多科学家惊讶的是，新的研究表明该等式与事实相去甚远。仅仅因为拥有某种类型的基因并不意味着它会真正影响你。决定我们是谁的其实是那些显性和隐性的基因。

有一种方式可以让我们好好思考这个问题，那就是把基因想象成一架埋在细胞深处的钢琴。[53]琴键是基因，你可以用不同的弹奏方式来按下它们。有些琴键永远不会被按下，另一些则会以稳定的组合方式被频繁地击打。我和你、你和世界上其他人的部分区别就在于按键的方式。这就是基因的表达。在形成你身体和大脑的工作方式时，细胞内的基因独奏会起作用。

事实证明，脑海中的声音喜欢拨弄我们基因的琴键。我们和自己说话的方式会影响我们弹奏哪些琴键。加州大学洛杉矶分校的医学教授史蒂夫·科尔一直致力于研究先天基因和后天影响是如何在细胞中相互作用的。[54]他和同事们在大量的研究过程中发现，由喋喋不休引发的慢性威胁会影响基因表达的方式。

科尔和同事们发现，在经受慢性威胁的人群中，一组类似于炎症的基因表现得更为强烈[55]，不管这些感觉是来自孤独感，还是来自应对贫困或疾病诊断的压力。这种情况发生的原因是我们的细胞将慢性心理威胁的体验解读成一种近似于身体受到攻击时发自内心的敌对状态。

随着时间的流逝，当内部对话频繁地激活我们的威胁系统时，后者向我们的细胞发送的信息能够触发炎症基因的表达，这在短期内可以保护我们，长期来看却会造成伤害。同时，执行日常功能的细胞，比如抵御病毒的病原体受到了抑制，这就为疾病和感染病打开了通路。[56]科尔把喋喋不休的这种效应称为“分子层面的死亡”。

是资产还是负担？

了解负面的内在对话对我们的心理、人际关系和身体产生的作用让人深感不安。作为一名专注于该项工作的科学家，我经常忍不住想，它是怎么应用在我自己及我深爱的那些人的生活中的。如果告诉你我每次看到女儿为某事烦恼却毫不担心，那我一定是在撒谎。

然而，如果我环顾周围，就能看到它给予人们希望的例子。我看到学生们从充满自我怀疑且缺乏安全感的新生变成准备为世界做出贡献的自信毕业生。我看到那些面临巨大困难的人找到了与他人连接的方法，并从社交网络中获得了支持。我看到那些长期承受压力的人过上了健康的生活。我的祖母多拉在少女时期住在波兰，为了逃避纳粹的迫害，她在森林里躲了整整一年，那段经历非常可怕。然而，她后来仍然设法在美国度过了更有复原力、更快乐的 70 年。

这些重要的反例让我重新回顾了关于人类大脑的巨大困惑：脑海中的声音怎么能既是负担又是资产？那些在脑海中闪现的话语可以开解我们，但如果我们知道如何控制它们，那它们也可以促使我们取得有意义的成就……与此同时，人类进化出了内在的声音，也就是能够淹没我们的喋喋不休。我们还共同进化出了能把它变成最强大力量的工具。看看里克·安基尔吧，2007 年，他又回到了职业棒球大联盟——不是作为投手，而是作为一名仍然要在成千上万的球迷面前与压力做斗争的外场手。

安基尔后来又在职业棒球大联盟打了 7 年，他以在外场的摇臂和本垒板上的爆发力而闻名。作为失去了职业机会的投球手，他写道：“在最糟糕的时候，我花了将近 5 年的时间以近乎强迫症的决心进行抗争，使一位表现最佳的投手转变为再次拥有黄金摇臂的外场手。这一切是如此神奇，如此不可思议。”

更神奇、更加不可思议的是，在退役 4 年后的 2018 年，安基尔在一场前职业球员的表演赛中登上了投球区的土墩，这是他在对战勇士队的比赛后，近 20 年来第一次在公开场合这样做。[57]

他面对的是一名击球员，并且将后者三振出局。

现在，我们该开始学习驾驭我们脑海中声音的隐藏技巧了。我们只需看看我教过的最出色的一位学生，她是个来自费城西部的间谍，名叫特蕾西。

第三章

外部视角与心理距离

“你杀过人吗？”审查员问道。[1]

如果特蕾西在别的地方，和另外的人在一起，并且其未来没有因为这个荒谬但显然至关重要的问题悬而未决，她肯定会翻白眼。

“就像我上次和你说的那样。”特蕾西说，“没有，我从没杀过人。”

她想，她当然没有杀人。她只有 17 岁！她可不是个杀人犯。

这是她第二次接受美国高度机密的情报组织——NSA 的测谎实验。当特蕾西第一次被问到该问题时，她的身体——心跳和呼吸——背叛了她，读数曲线表明她在撒谎。两个月后，她坐在马里兰州中部同一间不起眼的办公室里接受第二次测谎。

“如果他们还是不相信我，怎么办？”她纳闷着。当审查员高深莫测地看着她时，她脑海中的声音做出源源不断的焦虑的评论。她对该问题的答案心知肚明：如果他们不相信她，她梦寐以求的未来就会消失。

自特蕾西记事起，她就知道自己不会向命运屈服。上课和学习对她来说总是轻而易举，尽管其他许多事情并非同样轻松。她成长于费城西部一个治安很差的社区，尽管家庭并不贫困，但经济条件限制了她的未来。

特蕾西上高中一年级的时候，了解到美国东北部一所寄宿学校里有个项目，能让来自全美各地的天才学生加速完成高中最后两年的学习，为他们进入名牌大学奠定成功的基础。虽然一想到要离开家人，搬到全新的环境中生活，她就感到害怕，但能够结识新朋友，迎接智力上的挑战，并逃离曾经熟悉的生活的前景十分吸引她。她努力写申请，并且被录取了。

寄宿学校让特蕾西接触了一个充满朋友和想法的新世界，这是她人生中第一次真正接受考验。尽管有时候她觉得自己和那些拥有特权背景的白人同学格格不入，但她心里还是很高兴的。

作为项目中为数不多的非裔美国学生之一，特蕾西经常受邀参加为学校筹集资金的活动。像她这样的经历往往会让富有的捐赠者慷慨解囊。在一次类似的活动中，她遇到了 NSA 前局长博比·英曼。

在交谈中，英曼告诉特蕾西，NSA 为全美范围内最优秀且爱国的学生提供了一个百里挑一的本科生培养项目。他鼓励她申请参加该项目。她照做了，NSA 通知她面试，可她没有通过第一次测谎，这令她怀疑自己能否梦想成真。然而第二次，她成功地控制了自己的紧张情绪，于是 NSA 不再怀疑她涉嫌谋杀，即使 NSA 的人起初真是这么认为的。她的生活即将发生戏剧性的变化，尽管第一次测谎的经历最终成为即将发生事件的预告：管理自己脑海中声音的挑战。

乍一看，奖学金条款里说的一切正是她想要的。NSA 将承担特蕾西上大学的全部费用，并且每月为她提供一笔可观的助学金。当然，这是有条件的。她必须接受夏季培训，成为一名最高机密分析员，且毕业后得为NSA服务6年以上。尽管如此，这仍然是一个千载难逢的机会，尤其是她将于当年春天进入哈佛大学就读。特蕾西为自己赢得了免费的常春藤学府的教育和激动人心的未来。

距离哈佛大学开课还有几周时，特蕾西获得了在 NSA 工作的初体验。在为期一周的新员工培训里，她获得了最高机密的官方许可，得以接触绝密的信息。她还了解了奖学金附带的种种限制性细节。她只能主修少数几个与 NSA 利益攸关的核心科目，如电气工程、计算机科学和数学。她不能和他国学生约会或者保持亲密的友谊，也不能进行海外交流学习。她被明令禁止参加大学运动队。逐渐地，特蕾西的奖学金——金奖券变成了一副金手铐。

当宿舍里的其他新生自由自在地与人交往时，特蕾西发现自己心存戒备。过去，她一直是备受关注的人。如今，在交际的时候，她会关注他人，飞快地审视别人的外观、分辨语音语调来搜寻他们的背景信息，因为她害怕自己可能会和某个来自遥远国度的人成为朋友，或者更糟的是，被对方吸引。同样，她也觉得自己受到了数学和工程学课程的束缚，它们不像她的许多同学上的那些多样化课程那么令人兴奋。课间，她在匆匆走过哈佛大学校园绿树成荫的小径时，思绪向内盘旋，集中在这个理论上应该是个伟大的机会所带来的一切不好的事情上。她想知道自己是不是犯错了。

时光飞逝。从大一到大二，再到大三，特蕾西越发感到孤独。用她自己的话来说，她沉浸于“内心对话”。她不能谈论自己是怎么度过暑假的——接受密码学的训练，以及建造电路板，或者学习如何测量屋顶距离来拼接天线。但孤独感只是她的压力源之一。另一个事实是，工程学——哈佛大学最具挑战性的专业之一，是她面对的最艰难的学术上的挑战。如果平均绩点低于3.0，她就会被踢出NSA的项目，还得向政府偿还已经帮她支付的学费——后果很可怕。

脑海中源源不断、越发消极的声音吞噬了她。考试前，她会反刍如果不能达到需要的成绩会发生什么。在焦虑的折磨下，她开始在考试时忍不住咬笔头、卷头发。她的神经性抽动症给她提供了一种奇怪的舒适感。尽管她尽了最大的努力维持着一切正常的外表，但其身体以一种与第一次测谎实验中不同的反应再次让她失望。确切地说，当她开始为成绩紧张时，她的脸上就会长出囊肿性痤疮，那是皮肤表层下满是脓包的粉刺，需要注射可的松才能治疗。酝酿在表象之下的喋喋不休似乎太过极端、难以控制，她不知道自己还能承受多少。

她觉得好像只有两种选择：失败或者辍学。

获得心理距离——墙上的苍蝇视角

特蕾西的故事，就像大多数内心对话变成消极池的人的故事一样，是一种距离上的练习——我们和自己的问题之间是否存在距离。

我们可以把大脑想象成一个镜头，而脑海中的声音则是一个可以让它放大（拉近）或者缩小（推远）的按钮。从最简单的意义上说，当我们放大并接近某件事情时，喋喋不休的现象就会产生，它会激化我们的情绪，以致让我们抛开可能使我们冷静下来的所有思考方式。换句话说，我们失去了正确看待事物的视角。这种面对处境的急速窄视行为放大了逆境，允许脑海中的声音消极的那一面发挥作用，激活了反刍倾向及其伴随物：压力、焦虑和抑郁。当然，收缩注意力本身并不是问题，它对于帮助我们应对具有挑战性的情境及由此产生的感受是很有必要的。但是当我们发现自己困在问题中，失去了灵活地拓宽——以获得正确的视角——的能力时，我们脑海中的声音就会变成反刍。

当我们的内部对话没有在正确的视角展开并产生强烈的负面情绪时，大脑中涉及自我参照加工（思考自己的事）和产生情绪反应的区域就会被激活。[2] 换句话说，我们的压力反应硬件开始启动，释放让人充满负面情绪的肾上腺素和皮质醇，这只会进一步地让负面语言流更活跃，让我们更加鼠目寸光。结果是，我们无法从更广阔的角度看待问题，从而找到更有建设性的方法来处理困扰我们情绪的问题。

但我们的大脑在面对困难时，不仅会缩窄，还会拓宽[3]，尽管在有压力时实现后者更具挑战性。如果我们知道该如何使大脑变得专注，它就是灵活的。你如果发烧了，可以吃点儿退烧药。同样，大脑也有一个心理免疫系统[4]：我们可以通过增加距离，用思想来改变思想。

当然，心理距离并不能消除问题。如果特蕾西能从高压困境中后退一步，她就可以进入一种不那么痛苦的状态，尽管她仍然会欠 NSA 的债，并且前途未卜。同样，如果里克·安基尔能够继续投球，人们同样会在全国性电视节目中看到他站在季后赛投球区的土墩上投球。距离不能解决问题，但它增加了我们解决问题的可能性。它使我们的语言流有了疏散的通道。

那么，最大的问题来了：喋喋不休来袭时，我们如何获得心理距离？

巧合的是，大约在特蕾西坐在哈佛大学新生宿舍里的时候，沿高速公路往南三个半小时车程的曼哈顿，正是我当时的所在地。作为一名心理学研究生，我正在哥伦比亚大学谢莫霍恩大楼昏暗的地下室里思考着一个非常相似的问题。我想知道，人们怎样才能在不陷入反刍旋涡的情况下反思自己的负面经历。之前，正是为了解答该问题，我才决定去该校求学以接受导师沃尔特·米歇尔的指导。他是一位开创性的科学家，以“棉花糖实验创始人”的身份为众人所知。

因为开创了现在大众口中的“棉花糖实验”，沃尔特荣登心理学的神殿。这是一个研究自我控制的典范[5]，实验人员把孩子们带进实验室，给他们一个简单的选择：他们即刻可以得到一块棉花糖，但如果愿意等实验人员回来，孩子们就可以得到两块棉花糖。结果表明，那些等待时间更长的孩子在青少年时期的学业能力倾向测验中表现得更好，随着年龄的增长，他们更健康，成年后应对压力的能力也比那些立即抓起黏糊糊的棉花糖的孩子更好。但比记录这些惊人的长期结果更重要的是，所谓的“棉花糖实验”（它的学名是“延迟满足测试”）彻底改变了人们对控制自己的工具的科学理解。

我开始就读时，沃尔特及其当时的博士后奥泽拉姆·阿杜克已经对如何帮助人们在不屈服于喋喋不休思维杂念的情况下思考痛苦经历产生了研究兴趣。

当时，对抗脑海中消极的声音的主要方法之一是分散注意力。[6]一些研究表明，当人们发现自己陷入消极的语言思维时，把注意力从问题上转移可以改善他们的感受。然而，这种方法的缺点是，分散注意力只是短期解决方案——治标不治本的权宜之计。[7]如果你是为了逃避现实生活中的不幸而去看电影，那么当你离开电影院的时候，问题其实还在那里等着你。换句话说，眼不见未必心不烦，因为负面情绪仍然存在，它急切地等着被再次激活。

奇怪的是，此时，在心理学上，保持距离的想法已经过时了。1970年，认知疗法的创始人之一、心理健康领域颇具影响力的人物阿伦·贝克提出应教会病人客观地审视自己的想法，他将该过程称为“抽离”，它是治疗师对病人使用的核心工具。[8]然而，在接下来的几年里，抽离就等同于逃避——不去思考你的问题。[9]但在我看来，抽离本身并不是逃避。从理论上说，你可以让大脑用拓宽的视角来框定问题。

这种方法与正念冥想的不同之处在于，其目标不是站在一旁，看着自己飘忽不定的思绪却不与它们接触。其重点是参与，但得从抽离的视角这么做，它和情感逃避型的视角不是一回事。这是我的父亲教育孩子的精髓，也是我在成长过程中花了很多时间做的事情。所以，沃尔特、奥泽拉姆和我开始思考人们从各自的经历中“后退一步”的不同方式，以便更有效地对它们进行反思。我们找到了一个人人都拥有的工具：将想象形象化的能力。

人类的大脑内置了一种强大的光驱：从远处审视自己的能力。[10]事实证明，当我们回想过去不愉快的经历或者想象未来可能产生焦虑的场景时，这个精神上的家庭影院就会投射出相应的场景。这些场景几乎就像储存在手机里的视频。然而，它们并不是完全固定的。研究表明，我们并不是每次都用相同的视角来看待记忆和幻想，我们也可以从不同的角度来看待它们。例如，我们有时候会通过自己的眼睛重放场景，就好像以第一人称的身份回到事件中。然而，我们也可以从外部来看自己，将自己移植到另一视角上，就好像变成了墙上的苍蝇。我们能否利用这种能力更好地管理脑海中的声音呢？

奥泽拉姆、沃尔特和我把参与者带进实验室寻找答案。我们让一组人通过自己的眼睛在脑中重放一段令人不安的记忆。我们让另一组人也这么做，只不过让他们用墙上苍蝇的视角，像旁观者一样直接观察自己。[11]然后，我们让参与者从我们要求的角度来分析自己的感受。这两组人语言流的差异十分惊人。[12]

沉浸者——以第一人称的视角看待事件的人——为自己的

情感和语言所困。在描述个人思绪时，他们倾向于把注意力集中在受到的伤害上。有个人写道："肾上腺素飙升。气死了。被出卖了。愤怒。受害。痛心。羞耻。踩踏。狗屎。丢脸。被遗弃。不被重视。受刁难。忍耐的边界遭到践踏。"他们试图"深入探索内心"，并且通过反复思考内心对话来解决问题，却产生了更多的负面情绪。

与此同时，墙上苍蝇的对照组则提供了截然不同的叙述。

沉浸者在情绪的杂草中纠结，而抽离者的心胸则更加开阔，这让他们感觉更好。"我能更清楚地看到争论。"一个人写道，"起初，我能更好地与自己产生共鸣，但后来，我开始理解朋友的感受。这可能不够理性，但我理解了他的动机。"抽离者的思维更清晰，也更复杂，并且可以肯定的是，他们似乎是用第三方观察者的洞察力来看待事情的，也能从这次经历中做出有建设性的总结。该实验为证明后退一步理解经历可能有助于改变我们脑海中声音的语气提供了证据。

随后，我们和其他人在更多的研究中发现，以这种方式拓宽视野，也能控制人们面对压力选择"战斗或逃跑"时的心血管反应[13]，抑制大脑中的情感活动[14]，使人们在被激怒时产生更少的敌意和攻击性。[15]要知道，愤怒可是滋养喋喋不休的沃土。我们还发现，这种抽离的技巧不仅适用于随机组合的大学生群体，也适用于那些遭受更极端的脑海中声音的折磨并与之做斗争的人，例如，抑郁症患者[16]，甚至是面对孩子接受痛苦的癌症治疗手段而极度焦虑的父母。[17]然而在这一点上，我们的发现仍然有限。它们只与此时此刻抽离是如何影响我们的有关。我们还想知道它是否具有缩短人们反刍时间的持久效果。

结果发现，我们并非唯一对该问题感兴趣的人。

在我们发表初步研究成果后不久，比利时鲁汶大学一个由菲利普·维尔杜因[18]领导的研究小组设计了一组实验，他们在实验室外进行研究，观察人们在日常生活中的抽离倾向是否会影响他们情绪发作持续的时间。他们发现，在人们经历了感到愤怒或者悲伤的事件后，采用观察者的视角来与事件和情绪保持距离可以缩短负面情绪持续的时间。抽离可以让人在星星之火尚未燎原之时就把火星扑灭。

然而，这种抽离带来的负面影响可能会产生意想不到的后果——保持距离在减少消极体验的同时，还会减少积极的体验。换句话说，如果你在单位升了职，你回过头来提醒自己，地位和金钱在大局之中微不足道，无论如何，我们最终都会死去，那么你应得的快乐就会减少。结论是：如果你想抓住积极的体验，就千万不要成为墙上的苍蝇。在积极的体验中尽情地享受吧。

到目前为止，很明显，当反思情感体验时，我们要么倾向于心理沉浸，要么倾向于心理抽离[19]，尽管我们并没有受困于任何一种状态。我们的倾向塑造了脑海中声音的模式，但幸运的是，我们有意识地改变视角的能力同样塑造了脑海中声音的模式。

算上我们和维尔杜因的工作，同时期发表的其他大量研究开始改变我们对距离在帮助人们控制情绪方面所起作用的理解。例如，斯坦福大学的研究人员认为，如果采用超然的观察者视角，随着时间的推移，人们可以减少反刍。[20]在大西洋彼岸，剑桥大学的研究人员发现，教会人们“纵观全局”可以减少侵入性思维（耗尽执行功能的那种）的产生，并且避免回想痛苦的往事。[21]其他实验表明，哪怕是缩小想象中引起悲伤的画面尺寸，人们看到它的时候，沮丧程度也会降低。[22]

还有一些研究将距离的概念应用于教育，展示了如何带领九年级学生关注做家庭作业的全局层面的原因——比如，强调在学校有优良的表现能帮助他们找到理想的工作，并且以成年人的身份为社会做贡献——使他们取得更好的平均绩点[23]，并且更会让他们关注那些枯燥却重要的任务。因此，距离不仅能帮我们更好地应对在令人不安的情境中体验的大起大落的情绪，还能帮我们更好地应对那些微小但重要的日常情绪带来的挑战，比如工作和教育的单调乏味造成的沮丧和无聊。

这一切告诉我们，后退一步可以有效地帮助人们在各种日常状况下管理他们喋喋不休的思维杂念。但我们很快就会发现，保持心理距离对其他重要的方面——比如智慧——也有积极的影响。

所罗门的悖论

大约在公元前 1010 年[24]，耶路撒冷一位名叫拔示巴的女性终于实现了自己做母亲的梦想。在第一个婴儿夭折后，她生下了第二个孩子。那是一个健康的小男孩儿，她给他取名为所罗门。正如《圣经》告诉我们的那样[25]，这不是一个普通的孩子。作为大卫（以杀死巨人歌利亚而著名）之子，所罗门长大后，成了犹太王。身为一位无与伦比的领袖，所罗门王不仅因其军事实力和经济头脑受到尊敬，还因其智慧备受尊崇。人们会不远万里地赶来寻求他的建议。

所罗门王解决的最著名的纠纷发生在两个女人之间，她们都声称自己是同一个孩子的母亲。于是他建议她们把孩子切成两半，一人分得一半。当其中一人表示抗议时，他便确定此人就是孩子的生母。然而，如同命运的反讽，涉及所罗门自己的生活时，他却没那么精明。多情且目光短浅的他娶了数百位有着不同信仰的女子为妻，他不遗余力地取悦她们，建造了精致的寺庙和神殿，让她们可以敬奉自己信仰的神。此举最终使他与自己信仰的神及自己统治的人民疏远，在他死后不久，王国覆灭。

所罗门王思维中的不对称是一个关于喋喋不休的寓言故事，它体现出人类大脑的基本特征：我们看待自己不像看待别人那样有距离感和洞察力。数据显示，这已经超出《圣经》的讽喻“我们无一幸免”。我和同事们将这种偏见称为“所罗门悖论”[26]，尽管所罗门王并不是唯一一个以己之名来解释该种现象的圣人。

以一个鲜为人知的故事为例。1841 年，美国历史上最聪明的人之一亚伯拉罕·林肯在事业和爱情上都陷入了困境。作为律师，他还没达到自己期望的水平；爱上了另一个女人的他因怀疑自己对未婚妻玛丽的感情而极度痛苦。沉浸在痛苦中的他陷入了抑郁，或者陷入了一位历史学家口中所说的“林肯的悲哀”。

第二年，当这位未来总统开始恢复希望和清晰的思路时，其好朋友约书亚·斯皮德对他自己的婚约也产生了类似的怀疑。而那时，置身事外的林肯能给斯皮德提供之前他没能给自己提出的忠告。他告诉斯皮德，问题出在他对爱情的看法上，而非他要娶的那个女人身上。正如多丽丝·科恩斯·古德温在《林肯与劲敌幕僚》一书中所写的那样，林肯后来回忆道：“如果我能像理解斯皮德一样理解自己糊涂的求爱方式，那我本可以‘轻松过关’的。”[27]

我们在研究距离怎样能够带来智慧前，有必要花点儿时间问问自己，实践中的智慧到底是什么。[28]在心理学这样一个严谨的领域里，智慧这种无所定形的概念乍看似乎很难定义。尽管如此，科学家们已经识别出它的显著特征。智慧包括运用头脑对一系列特定的问题进行建设性的推理，这里指的是那些涉及不确定性的问题。明智的推理方式涉及从几种层面看到“大局”：认识到自己所获得的知识的局限性；意识到生活中有各种各样的环境，以及随着时间的流逝，环境是如何呈现并变化的；承认他人的观点，并且调和与之对立的观点。

虽然我们通常会把智慧和年迈联系在一起[29]（因为活得越久，你经历的不确定性和从中学到的东西就越多），但研究表明，无论年龄多大，你都可以教会人们通过保持距离来进行明智的思考。

以伊格尔·格罗斯曼和我在2015年做的一项研究为例。我们向人们展示困境，并让他们预测它在未来会如何发展。我们要求一组参与者想象遭受伴侣的背叛，让另一组人想象同样的事情发生在朋友身上。后者是一种创造心理距离的实用方法。

有些人可能认为愤怒是发现伴侣出轨后最明智的反应，这是可以理解的。但我们感兴趣的是，培养明智的反应所创造的距离是否会减少冲突而非增加冲突。正如我们所料，当想象问题发生在别人身上时，人们会更加明智。[30]他们觉得与欺骗自己的人达成妥协更为重要，并且更愿意听取对方的观点。

另一个关于人们如何利用距离作为逃离“所罗门悖论”的例子源自对医疗决策的研究。很少有什么场合比你不得不做出有关健康的重要决定更能引发或者间接造成喋喋不休的了。身体疼痛或者疾病带来的不确定性——更别说死亡了——使语言流充斥着担忧，这会影响我们的判断，导致我们做出糟糕的决定。讽刺的是，它还会进一步损害健康。

在一项大规模实验中，一组科学家让人们选择：什么都不做，但有 10% 的概率死于癌症；接受一种新的治疗，但有 5% 的死亡率。显然，第二种选择更好，因为死亡的风险降低了 5%。然而，与之前研究得出的结论一致的是，当涉及健康问题时，人们往往宁愿什么都不做[31]：有 40% 的参与者选择了更有生命危险的一项。但是，当要求同样的被试为别人做决定时，只有 31% 的人做出了错误的选择。这是一个很大的变化。[32] 如果你用每年确诊的 1 800 万个癌症病例[33] 来计算这个百分比的差异，那么总共有 160 多万人会与他们的最佳治疗方案失之交臂。但是，缺乏心理距离导致该种智慧匮乏的现象，也会在我们生活中的其他方面产生影响。

诺贝尔经济学奖得主、心理学家、《思考，快与慢》一书的作者丹尼尔·卡尼曼曾写道，他觉得最有用的经验之一就是避免使用“内部视角”，学会采用“外部视角”。[34] 在他的框架中，内部视角会将你的思维限制在具体情况中。你不知道自己无知的部分，这常常会导致你无法对潜在障碍做出准确的预测。而外部视角包含了更广阔的可能性样本，因此可帮助你做出更准确的预测。你能更好地预见障碍并做好相应的准备。

尽管卡尼曼的观点适合更准确地预测未来，但研究表明，超脱自我——心理距离的另一种说法——的能力有助于人们更普遍地制定决策。[35]它能帮我们应对信息过载的问题[36]，比如，我们在买车之前评估和对比不同车辆的特性与价格时，思路能更清晰。它可以减少“损失规避”[37]，这个由卡尼曼普及的概念指的是人们对损失比对收益更敏感。它还能使人们更容易妥协，并且愿意容忍不同的观点。在2008年美国总统大选前进行的一项研究中[38]，伊格尔和我发现，让人们从抽离的视角（让他们想象自己生活在另一个国度）想象自己选择的候选人输掉选举后的未来，会使他们在政治观点上变得不那么极端，并且更愿意与支持对方阵营候选人的群体合作。

抽离能带来的这些积极的人际关系和提升智慧的效果使该技能在生活的另一领域——恋爱关系中变得非常宝贵，因为我们经常在此领域里领教脑海中声音的咆哮。奥泽拉姆和我想知道距离是怎样影响亲密伴侣间的和谐的。于是，我们在21天的时间里，记录了人们每次与恋人吵架时疏远对方的倾向。我们发现，人们在思考关系中的问题时是“抽离”还是“沉浸”，会影响他们争吵的方式。当沉浸者的伴侣较为冷静地争执时，沉浸者也会以同样的方式，有耐心和同情心地予以回应；一旦伴侣开始表现出哪怕是最轻微的愤怒或者蔑视的迹象，沉浸者也会做出同样的反应。至于抽离者，当伴侣心平气和地与之谈话时，他们会保持冷静；即使伴侣生气了，抽离者仍然能够解决问题，从而缓解冲突。[39]

后续的一项实验将该研究推进得更加深入。它证明，当情侣们关注恋情中的分歧时，学会抽离可以让他们缓解感情的衰退。[40]在一年的时间里，花21分钟试着以抽离的视角解决冲突，可以减少情侣在一起时不愉快的体验。就算抽离不是爱情的魔药，它似乎确实也能阻止爱情之火熄灭。

这些研究都证明了后退一步对改变我们与自己对话的本质是多么有用。但从更广泛的层面上说，它还展示了我们在面对最容易引发喋喋不休的情况时——涉及不确定性，需要运用智慧——该如何明智地思考。这些研究让我感到震惊的是，它展示出那么多种可以获得心理距离的方法，以及大脑给予了我们那么多种获得视角的选项。但有时候，我们需要的不仅仅是智慧。正如特蕾西在哈佛大学学到的那样，我们需要新的故事，可以增加距离的想象叙事，它们是我们利用头脑中时间机器的力量创造的。

时间距离：大脑的时间旅行

特蕾西每晚都坐在宿舍里啃铅笔末端的橡皮，忍受着脸上粉刺的折磨。作为一名接受训练的秘密特工和精英大学里孤独的拿奖学金的学生，身份上的分裂让她脑海中的声音陷入了沮丧。无助地沉浸在焦虑中的她最终与哈佛大学和NSA的治疗师进行了交谈。令人非常失望的是，两位咨询师都没能真正帮上忙。她还和以前一样孤单。但是，事实真是这样的吗？

尽管研究家族史只是特蕾西的业余爱好，但她觉得它在某种程度上可能会对自己有所帮助，于是她着手开始了研究。她对家族史涉及的人和事着迷，因为是他们让她得以存在于世。于是，她在学校放假及NSA没有给她派任务的时候，就去追查家族过去的故事。为此，她和亲戚们骑上摩托车，绕着密歇根湖兜风，在加州的梅里特湖畔漫步，还和两位姑妈在新奥尔良的法国区黏糊糊的街道上徘徊，拜访祖先在得克萨斯州中部被烧毁的农场沿路散落的墓地，并为家族墓碑制作拓片。

随着亲戚们逐渐向她敞开心扉，特蕾西了解了生活在密歇根州卡拉马祖的首批非裔美国人的奋斗历程。她发现自己的曾祖母曾是一名伏都教教徒，并与一位白人男子，即特蕾西的曾祖父交往，还知道了曾祖母为驱除恶灵所做的祈祷。经过仔细且坚持不懈的追寻，她终于让不同的亲戚开口谈论家族在美国最痛苦和沉重的经历。她确认了自己是奴隶的玄孙，并得知自己的一位曾祖父是被私刑绞死的，另一位则被招募进了南部联盟军。她还发现自己是乔治·华盛顿的后裔。

特蕾西对家族史研究得越深入，回到哈佛大学时就发现自己感觉越平静。一方面，在挖掘先辈留下的遗产时，她似乎在向世界证明奴隶的后裔也可以在享誉全球的顶级学府里取得成功。尽管在哈佛大学遇到了很多困难，但这种历史性的视角给予她鸟瞰自身成就的机会，甚至让她觉得祖先会为她感到骄傲。另一方面，了解祖先承受的苦难也帮助她正确地看待自己遭受的痛苦与磨难。在她心里，与祖先们做奴隶时辛苦劳作所经受的痛苦相比，没有取得好成绩及不能和意中人约会的焦虑显得微不足道。无论是在个人生活还是在世世代代人的生命中——祖先从横跨大西洋的奴隶渡海经历中幸存，并随着时间的推移最终在美国繁荣发展——她都采取了墙上苍蝇的视角。这让她脑海中的声音获得了极大的平静。

好几项研究科学地支持了特蕾西的亲身经历，表明一个人在大脑中有策略地进行时间旅行的能力可以成为一种改变消极内心对话、创建积极的个人叙述的工具。[41] 但是，在精神上进行时间旅行的好处并不局限于鸟瞰过去，从而编织出一个关于现在的积极故事，你也可以通过它进入未来而从中受益，这是一种叫作“时间距离”的工具。研究表明，当人们经受艰难的体验时，让他们想象十年后而非明天会有何种感觉，是另一种非常有效的能让他们正确看待自己经历的方法。这样做会让人们明白他们的遭遇是暂时的，进而让他们获得希望。

在某种意义上，时间距离能让我们收获的是智慧的一个方面[42]：认识到世界是不断变化的，环境将会改变。人们在遇到负面经历时，认识到生活的这种特性可以极大地减轻他们的痛苦。例如，正是它帮助我应对了可以说是近百年来最能激发喋喋不休的事件：2020 年新冠肺炎疫情。

随着学校关闭，社会开始采取隔离措施，外面的世界变得安静，于是，和其他数百万人一样，喋喋不休的思维杂念开始在我的脑中酝酿。社交距离会影响孩子们的幸福吗？几个星期不出门，我该怎么活下去？经济形势会好转吗？关注疫情结束后的感受，让我意识到我们所经历的一切只是暂时的。就像在人类漫长的历史中无数次来了又去的流行病一样，新冠肺炎的威胁最终也会过去。这鼓舞了我脑海中的声音。

我的同事奥泽拉姆发现时间距离不仅可以帮助人们管理类似于失去爱人的主要压力源，也包括一些更小却仍然迫在眉睫的事件，比如逐渐逼近的工作期限。最重要的是，该技巧不仅能让你感觉更好，甚至可以通过少一些责备、多一些宽容来改善你的爱情生活，成为亲密关系的催化剂和争吵的润滑剂。

除了家族史项目，特蕾西还在大学期间写日记，这也成了她获得距离的一种媒介。尽管日记的历史和文字一样悠久，但直到最近几十年，研究才开始阐明它能提供何种心理安慰。心理学家詹姆斯·彭尼贝克[43]［James Pennebaker，是的，他的名字里有“笔”（pen）］是该项工作的先驱。在漫长且成就斐然的职业生涯中，他证明，只要让人们用 15~20 分钟写下最让自己感到不安的负面经历，就可以让他们感觉更好，减少看医生的次数，并且拥有更健康的免疫功能。通过从故事叙述者的角度来关注自身经历，写日记为我们和我们的经历创造了距离。[44] 我们觉得和这段经历的关系不那么紧密了。特蕾西写了多年日记，从中获得了很大的帮助。

由于利用创造力平息了内心对话，在哈佛大学上大四的那年，特蕾西脸上的粉刺少了，神经也不再紧张，并且成绩优异。她降服了自己喋喋不休的思维杂念。从哈佛大学毕业后，她开始为 NSA 效力。在接下来的 8 年里，她在世界各地的冲突地带执行秘密任务。在此期间，她接受了数百个小时的高级语言培训，能说一口流利的法语和阿拉伯语，并将这些技能完美地融入各种各样的任务中，许多任务至今仍然是保密的。她经手的情报工作被送呈美国政府的最高层且一路直达白宫。在很多方面，她最终过上了充满活力、电影般五光十色的生活，完全符合她在高中第一次得知 NSA 奖学金时的幻想。直至今日，特蕾西仍然在写日记。

如今，她是一所常春藤高校的教授（再也不为政府部门工作了）。

作为一名心理学家，尤其是研究如何控制脑海中声音的心理学家，很奇怪的一点是，无论我的研究得出怎样的见解，我仍然无法逃避做自己。也就是说，“深入探索内心”的时候，我仍然会迷路，尽管我知道关于该如何保持距离的一切。当我收到跟踪者的恐吓信时，我没有别的办法能解释究竟发生了什么。我知道有各种各样拉开距离的工具可以平息我的喋喋不休：采用墙上的苍蝇视角，假设出一个超然的观察者视角，想象自己未来的感受，写日记，等等。

然而，我还是会沉浸其中。

我的脑中充斥着喋喋不休的杂念。

我活在“所罗门悖论”中。

我能做的一切就是用言语表达自己脑海中恐慌的声音。很自然，这导致我与妻子之间关系的紧张，甚至她抽离的视角也不能解救我。我的喋喋不休是如此激烈，以致让我觉得山重水复疑无路——直到突然间，柳暗花明又一村。

那个方法就是：我说出了自己的名字。

第四章

抽离式自我对话：当“我”变成“你”

凌晨3点，我穿着睡衣坐在家里的工作间，凝视窗外，仔细观察着夜晚的动静。在黑暗中，我什么也看不清，但在脑海里，我清楚地看到了那封令人不安的信和寄信人疯狂的脸，那张脸是我借助《嗜血法医》和《电锯惊魂》的一点儿帮助，用想象力编造出来的。

很久以后，我才从窗边走开。

我其实并不知道自己在做什么，只是徘徊到桌前坐下来，打开了电脑。不知怎的，即使处于恐惧深处，我也意识到不能再这样继续下去了。缺少睡眠让我精疲力竭，我茶饭不思，工作时也无法集中注意力。在这种睡眼惺忪的状态下，我又一次全神贯注地“深入探索内心”，想要找到一条摆脱困境的出路。在之前的几天，内省没有产生多大的效果，但我一直把注意力集中在问题上。雇个保镖如何？我盘算着。雇一个专门保护教授的人。

现在回想起来，我觉得这样的经历很荒谬，但在当时，似乎一点儿都不荒诞。但当我准备好抬起手，在谷歌上搜索中西部地区接受过特种训练并能保护受惊学者的保镖时，发生了一件事——我停下来，向后靠在椅子上，远离电脑，对自己默默地说：“伊桑，你在做什么？这简直疯了！”

然后，奇怪的事情发生了：在脑海中说出自己的名字，像和别人说话一样称呼自己，让我立刻退了一步。突然间，我能够更客观地关注自身的困境了。家庭手工业社会发展出的一个观念是让经过海豹突击队认证的保镖来保护教授，我这个刚产生的想法对谷歌来说似乎足够合理，现在则显露了它的真面目：疯狂。

一旦我有了这种认识，我很快就有了其他想法。拿着球棒在房子里踱步有什么用？你有最先进的报警系统。你初次收信以来，没发生过其他令人不安的事情。它可能只是个恶作剧。所以，有什么好担心的呢？和以前一样享受生活吧。想想你的家人、学生和研究。很多人收到的威胁信都不了了之了。你处理过更糟糕的情况。你也可以处理这件事。

我对自己说：“伊桑，去睡觉吧。”

随着这些想法像涂在伤口上的药膏一样开始扩散，我从工作室走到了卧室。我的心跳速度变慢了，情绪的“重量”也发生了改变。我感觉更轻松了。安静地躺在妻子身边后，我能够做到初次收信以来就迫切想做的事：不用咬紧牙关地合眼，不用在卧室门前设陷阱，不用紧握着球棒，沉沉入眠，直至次日清晨。

说出自己的名字救了我。它不是来自怀有敌意的跟踪者，而是来自我自己。

那晚过后的几天和几周里，我一直在想究竟发生了什么。一方面，令人不安的讽刺是，我作为一名专门研究自我控制的心理学家失去了自我控制，更别提理性了，尽管失控的时间很短暂。另一方面，我注意到一项有趣的科学观察：通过把自己当成另一个人来自言自语，我不知怎么地重新控制住了情绪和内心对话。通常，用自己的名字会让人联想到古怪、自恋，有时还会想到精神疾病，但我对此并不认同。对我来说，至少在那个危急时刻，我成功地用脑海中的声音抑制了它本身。

我甚至是在无意识的情况下这么做的。

心理学中有一个经典的发现，叫作“频率错觉”。[1]它描述了一种常见的体验，比如，你学习了一个新词，然后突然间发现它似乎无处不在。事实上，这个词——或者你最新的其他观察，无论它是什么——总是以正常的频率出现在你周围，只不过你的大脑之前对它并不敏感，所以造成了一种心理错觉。

当我意识到自己在巨大的情绪压力下对自己说话时，类似的事情也发生在了我身上。我大脑里的模式识别软件被激活了。它能识别出人们是否像在和别人——使用自己的名字和其他非第一人称代词——交流一样进行自言自语。在接下来的几个月，然后是几年里，我注意到它在不同的语境下产生了越来越多值得注意的例子。

我于 2011 年春收到恐吓信，但第一个引起我注意的案例实际上是我在 2010 年夏关于篮球巨星勒布朗·詹姆斯[2]的一段回忆。作为尼克斯队的终身球迷，我一直抱有一个天真的希望：有一天他能来纽约拯救我喜爱的那支垂死挣扎的球队。然而，勒布朗·詹姆斯在娱乐与体育电视网（ESPN）上宣布，他将离开克利夫兰骑士队——从职业起步阶段就一直培养他的家乡队，转而为迈阿密热火队效力。他本人承认，这是一个有着高风险且十分艰难的决定。“我不想做出情绪化的决定。”勒布朗向 ESPN 的评论员迈克尔·威尔邦解释道。就在刚刚明确地表达自己不想做出情绪化的决定后，他就从用第一人称转向用自己的名字来谈论自己：“我想做对勒布朗·詹姆斯来说最有利也是他最想做的事，来让他开心。”

几年后，我无意中在《乔恩·斯图尔特每日秀》这个节目中看到了日后的诺贝尔和平奖得主马拉拉·优素福·扎伊的一段视频。[3] 2012 年夏，和家人住在巴基斯坦斯瓦特山谷的 14 岁女孩马拉拉收到了一条称得上让人想到的最有压力的信息：塔利班扬言要暗杀她，作为对她直言不讳地倡导女孩受教育权的惩罚。当斯图尔特问她是怎样学着应对威胁时，马拉拉不经意地透露，用自己的名字来训练自己是关键。在开始用第一人称讲述经历直到最可怕的那一刻时，她告诉斯图尔特："我问自己'马拉拉，你会怎么做'，又回答说'马拉拉，拿只鞋子打他'……然后我会对自己说'如果你用鞋子打塔利班的人，那你和他们也没什么区别了'。"

这样的例子层出不穷，不仅仅是在流行文化语境中——比如女演员詹妮弗·劳伦斯[4]在接受《纽约时报》记者一次感人至深的采访时，停下来对自己说"好吧，保持镇静，詹妮弗"——也有历史实例藏匿于众目睽睽之下。的确存在用第三人称来谈论自己的术语"他"（illeism），它是一种文学手法，常被尤利乌斯·恺撒用来叙述自己在参加过的高卢战争中所取得的功绩。[5]他在提到自己的时候写的是本名和代词"他"（he），而非"我"（I）。1918年，美国历史学家亨利·亚当斯出版了自传，他在这本一举拿下普利策奖的书里，全程使用第三人称进行叙述。为了保持该种文体风格，他没有给它起《我的教育》或者类似的名字，而是把它命名为《亨利·亚当斯的教育》。[6]

此时，我已经和学生及同事们分享了我对于人们怎样使用自己的名字，以及第二、第三人称代词来与自己交谈的观察。结果，我们在实验室里进行了一次谈话，开始检验语言和距离之间的关系。我们有一种强烈的直觉，那就是在大脑中安静地使用自己的名字——不要大声地自言自语，以免引起他人反感且扰乱社会秩序——是能够帮助人们控制自己脑海中声音的有效工具。

当然，我遇到的所有“证据”都是传闻。它们没有任何科学依据，尽管它们似乎表明了人类行为的共同模式。多年来，我和同事们一直在研究保持距离的方法，但我们发现的所有方法都需要时间和注意力，然而我们在痛苦的时刻自言自语念着自己的名字时，似乎并不需要时间和注意力。假装自己是别人，然后与之交谈会是保持距离的有效方式吗？

说出你的名字

“你是认真的吗？”实验的参与者问道。

“是的。”工作人员告诉他，“跟我来。”

她领着他穿过走廊。

和其他来我们实验室的志愿者一样，他只知道自己要参加一个关于语言和情感的实验。志愿者们在到达研究现场前对我们将要使用的方法一无所知，这是科学家们给进入实验室的人施压时所动用的最强大的技巧之一[7]：我们要求他们在没有足够时间准备的情况下在观众面前演讲。[8]我们希望通过这样做，能更好地理解使用自己的名字（以及其他非第一人称代词，比如“你”）无声地指代自己，是怎么能帮人们控制住由自己营造的环境所激发的脑海中的声音的。

志愿者们抵达现场后，我们告诉他们，必须对着一群人发表5分钟的演讲，讲述自己为什么有资格得到梦寐以求的工作。然后，我们护送他们进入一间没有窗户的小房间，给他们5分钟的时间准备演讲，但不能做任何笔记。我们的想法是，如果让一些参与者在演讲前使用非第一人称的语言进行思考，他们就会获得更多的心理距离，这将帮助他们控制紧张的情绪。

我们的理论不仅仅基于我的经验，也不仅限于马拉拉、勒布朗·詹姆斯和其他人的话。先前的研究表明，第一人称单数代词的大量使用，即所谓的“我说”（I-talk）现象，是可靠的能证明消极情绪存在的标志。[9] 比如，在两个国家的6个实验室中进行的一项涉及5 000名参与者的大型研究显示，“我说”和消极情绪之间存在强有力的正相关。另一项研究表明，你可以通过计算人们在脸书上发布的“我说”数量来预测他们在未来患上抑郁症的概率。[10] 这些都是在说，使用第一人称单数代词“我”或“我的”来自言自语是一种语言沉浸。

一个问题出现了：如果你不仅降低了一个人用第一人称思考自己的事的倾向，而且让他们把自己当成别人那样去交流时，会发生什么？我们的想法是用你自己的名字，同时采用第二和第三人称来创造一种情感距离，因为它让你在和自己说话的时候感觉像是在和另一个人说话。比如，与其自思自忖今天为什么要对同事大发雷霆，你可以这样想：伊桑今天为什么要对同事发火？

5分钟的演讲准备时间结束后，我们把参与者随机分成两组：其中一组讲述了他们对即将使用第一人称代词“我”进行演讲的焦虑；另一组人同样如此，只不过他们只使用非第一人称代词和自己的名字。这一环节完成后，我们把他们带到大厅里，让他们在一组训练有素、没什么表情变化的评委面前做展示，同时，演讲者的正前方还摆着一台令人分心的大型摄像机。好戏上演了。

正如我们预料的那样，使用了抽离式自我对话的参与者报告说，与使用了沉浸式自我对话的参与者相比，发表演讲后，前者体验到的羞耻感和尴尬感更少。之后，他们对自己表现的反刍也更少。在描述心理体验时，他们都没有强调自己的紧张或者任务的困难，他们说，自己脑海中的声音都集中在这件事不会引发什么灾难性的后果这一事实上。

值得注意的是，当我们对录制的视频进行编码并深入研究实验数据时，我们发现有所区别的不仅仅是参与者的情绪反应——观看了参与者演讲视频的评委们表示，抽离式自我对话组的人在这项任务中表现得更好。

我们已经发现了一种隐藏在大脑中能让我们保持距离的新式工具：抽离式自我对话。[11] 正如我们的实验和其他的实验后来所证明的那样，从第一人称“我”到第二人称“你”或者第三人称“他”/“她”[12]的转换为我们提供了一种获得情感距离的技巧。因此，抽离式自我对话是一种嵌入人类语言结构的心理入侵。现在我们知道，它有多种多样的好处。

其他实验表明[13]，进行抽离式自我对话能给他人留下更好的第一印象，改善解决压力问题时的表现，并且促成明智的推理，就像墙上的苍蝇那种保持距离的策略所做的那样。

它还能促进理性思考。例如，在2014年埃博拉病毒危机最严重的时候[14]，有些人害怕它会在美国全境传染，所以我们通过互联网对美国各地的人进行了一项研究。结果发现，那些担心埃博拉病毒，并且被要求别用“我”而叫着自己的名字来反思埃博拉病毒引起的恐慌将如何在未来终结的人，找到了更多有事实依据的无须担心的理由，这证明他们的焦虑和风险感知度在下降。他们不再认为自己很可能会感染疾病，这一方面更准确地反映了现实，另一方面压制了他们先前脑海中惊慌失措的声音。

研究还表明，抽离式自我对话可以帮助人们应对我研究过的最能激发喋喋不休的场景之一[15]：必须在两者之间做选择，一是对我们关心之人的爱，二是道德原则。例如，我们认识的一个人犯罪了，我们被迫决定是保护还是惩罚他。研究表明，当这种内部冲突发生时，人们更倾向于保护认识的人，而不是举报他们。这是一种我们在日常生活中会一再看到的能够影响决策的现象，例如，在大学任职的管理人员和体操行业的官员就未能阻止现已被判定犯猥亵儿童罪的医生拉里·纳萨尔。

如果说我们之所以要保护某些人是因为我们和他们关系亲近，那么抽离式自我对话能让我们远离自己，疏远与他人的关系，从而降低这种保护倾向。毫无疑问，这正是我们在多项实验中的发现。例如，在一项研究中，我和学生让人们生动地想象看到心爱之人在犯罪，比如偷刷他人的信用卡，然后警官会来问他们有没有看到什么。使用自己的名字来思考该怎么做的参与者更倾向于向警官报告严重的犯罪行为。（例如，玛丽亚问自己：玛丽亚在做该决定时考虑了哪些事实？）

虽然这些发现证明了抽离式自我对话的力量，但它们并没有探索使其如此有价值的另一特性：速度。关于说出自己的名字来使自己冷静下来这件事，我觉得最有趣的地方在于，我们真的太容易做到这一点了。通常，调节情绪是需要时间的。试想一下，你在精神层面进行时间旅行，想象未来的自己对此事有什么不同的感觉；你通过写一篇日志来思考所思所感，甚至是闭上眼睛，以墙上苍蝇的视角来描绘过去。这些都是经过实证检验的自我抽离工具。然而，由于它们需要你付出努力，所以你在一时冲动之下并不总是容易做到这一点。

现在想想我的经历吧。我要做的一切不过是说出自己的名字，然后脑海中的声音就会被置于一条完全不同的轨道上，这几乎就像在三岔路口时改变火车行驶的方向一样。与其他许多调节情绪的策略不同，抽离式自我对话似乎威力大、见效快。怎么会这样呢？

在语言学中，“转换”指的是词语[16]，就像人称代词（比如“我”“你”）的语意会随着说话者的不同而变化。如果达尼问：“你能把番茄酱递给我吗？”马亚回答：“没问题，给你。”“你”所指的人就变更了。它最初指的是马亚，然后却是达尼。绝大多数孩子在两岁时就知道语言是这样工作的，并且可以以一种令人难以置信的速度在几毫秒内切换视角。[17]

转换词的概念证明了某些词在转换视角方面有多么强大。我们的想法是，抽离式自我对话可能会通过类似的机制来运作，人们可以轻而易举地制造一种视角上的虚拟的自动转换。密歇根州立大学的心理学家杰森·莫泽和我用研究语言和心理距离的视角设计了一个实验，来衡量抽离式自我对话产生效果的速度。我们没去倾听人们脑海中的声音，而是去观察了他们的大脑。

在实验中，我们要求参与者用沉浸式的语言（我感觉如何？）或者抽离式的语言（杰森感觉怎么样？）来思考他们每次看到令人不安的照片时的感受。他们这么做的时候，我们会用脑电图机来检测其大脑的电活动，以提供一种证明大脑中不同的心理活动运转有多么快的有效方法。

结果表明，参与者在看完令人不安的图片后，使用抽离式语言来反思自己的感受时，脑中表现出的情感活动要少得多。但关键的发现是，参与者需要多久才能感受到距离带来的放松。我们发现，当人们看到带有消极信息的图片时，他们的情绪会在一秒内发生变化。

短短的一秒[18]，足矣。

同样令人感到兴奋的是，我们没有找到证据表明这种自我对话会让人们的执行功能负担过度。[19]这很重要，因为更费力的抽离技巧会创造出一种类似于第二十二条军规的悖论[20]：喋喋不休的思维杂念作祟时，会耗尽我们集中注意力、获得距离及重新控制脑海中的声音所需的神经资源。然而，抽离式自我对话回避了该难题。它注重结果而非努力的过程。

改变我们用来自我反思的词语，就能为我们应对压力提供一种超高速的抽离方式，那么我们就可以理所当然地认为它也应该影响我们内心的语言流。事实证明，抽离式自我对话可以通过利用我们都拥有的能力来做到这一点：把压力源解读为挑战而非威胁的能力。为了看看这是怎么奏效的，我们去拜访一位老邻居吧。

快做吧，弗雷德

如果你本人或者家里有孩子在1968—2001年的美国长大，

你们可能还会记得弗雷德·罗杰斯在他那颇具传奇色彩的30分钟电视节目《罗杰斯先生的邻居》中那细腻流畅的声音。和其他人一样，在平静的外表下，罗杰斯也会遭受脑海中声音的折磨。我们之所以知道这些，是因为在1979年的一天，他刚刚结束了3年的休假，在回归岗位不久后写给自己的一封信里充分展示了他的内心批判：

> 再写一个脚本，我是在跟自己开玩笑吗？我想知道，我真的只是在自吹自擂吗？如果不认真考虑，我永远都不会知道。为什么不……我相信我自己。真的，那就是它全部的意义……我不想再忍受创造的痛苦了。这么多年过去了，情况还是和以前一样糟糕。我想知道是不是每一位有创造力的艺术家都要经受这该死的尝试创造的折磨……哦，好吧，时候到了，我必须去做了。快做吧，弗雷德。去做吧。[21]

这封信展示了罗杰斯极其脆弱的一面，它为我们提供了某种喋喋不休的原始范本，那是一个观察他脑海中的声音转变的前排座位。

信的前3/4呈现出一段充满自我怀疑、自我批评，甚至绝望的内心对话。但随着自我叙述的展开，你可以看到罗杰斯开始采用另一种方法思考其处境。当意识到不管有多么心神不宁，都必须要处理手头的任务时，他的内心批判开始消退："时候到了，我必须去做了。"然后他就去落实了。他转而使用了抽离式语言——用自己的名字——来表达自己实际上可以写节目脚本。伴随着观点的转变，他又回去工作了22年。此举同时阐明了在难以应付的情况当前，人人都会面对的岔路。

心理学家已经表明，当人们置于压力环境中时，他们首先（通常是下意识地）会问自己两个问题："在这种情况下，我需要做什么？我是否有足够的个人资源来满足这些需要？"如果审时度势，得出我们没有处理事情所需的必要资源的结论，我们就会将压力鉴定为威胁。如果对情况进行评估后确定自己有足够的能力做出适当的反应，那么我们就会把它视为挑战。[22]我们跟自己谈论困境的方式会对脑海中的声音产生截然不同的作用。不出所料，挑战的建设性框架会带来更加积极的结果。在罗杰斯先生的案例中，它让他承认了创作的困难，结果他要继续创作。

好几项研究证实了罗杰斯信中所体现的内容。[23]从参加数学考试到在高压环境下发挥能力，再到应对刻板印象带来的不利影响，当人们把手头的压力源视为挑战而非威胁时，他们的思维水平更高，感受和表现都会更好。但正如罗杰斯用自己的名字来激励自己所显示的那样，抽离式自我对话可能是使你踏上挑战心态道路的关键推手。

研究表明，抽离式自我对话会让人们从更具有挑战性的角度来考虑压力情境，允许他们为自己提供“你能做到”的建议，而不是把情况灾难化。例如，在我和合作者进行的一项研究中，我们要求人们使用沉浸式或抽离式的自我对话，写下他们对即将到来的某个压力事件最深刻的想法和感受。在文章中展现出最高水平的挑战导向思维的参与者中，有 75% 的人来自抽离式的自我对话组。与之形成鲜明对比的是，显示出最高程度的威胁导向思维的参与者中，有 67% 的人来自沉浸式的自我对话组。[24]

要想知道这是如何在参与者的头脑中发挥作用的，不妨看看沉浸式小组中的一个人是怎么写的：

> 我担心如果搞砸了面试，就得不到这份工作了。我总会搞砸一些事。我永远都不知道该说什么，总是非常紧张。我最终会陷入一个紧张的反馈循环，它会让我在面试时表现糟糕，而搞砸面试会再次引发紧张。即使我找到了工作，我也会害怕面试。

与此同时，抽离式小组脑海中的声音明显不同。一位参与者在回忆自己对一次约会的期待中含有的不安全感时写道：

> 阿伦，你需要放松下来。这毕竟是约会，人人都会

紧张的。哦，天哪，你为什么那么说？你得收敛点儿。拜托，伙计，振作起来。你能做到。

然而，你不需要仅仅通过细察人们的思想内容，才能理解语言是怎样影响我们视经历为挑战或者威胁的倾向的，你也可以从人们的体态中看出端倪。[25]应对挑战和遭受威胁时的心理体验具有独特的生物学特征。当你置人于受威胁的境地时，他们的心脏会开始加速向全身泵血。应对挑战时的情况也是一样。这两种状态的关键区别是，身体中运送血液的动脉和静脉的缠结处会做出怎样的反应。当一个人处于受威胁的状态时，他的血管会收缩，血液流动的空间更少，久而久之会导致血管爆裂和心脏病发作。相比之下，人们处于挑战模式中时，血管更放松，血液能够轻松地在全身流动。

布法罗大学的林赛·斯特里默、马克·西里及其同事们想知道抽离式自我对话是否会像人们的心血管系统运作的方式那样带来转变。[26]或者，更简单地说，通过抽离式自我对话，你能说服大脑和身体一起把某种情境看成挑战而非威胁吗？毫无疑问，那些受邀在公开演讲前用自己的名字来应对压力的参与者表现出了挑战模式的心血管反应。沉浸式自我对话组的人表现出了教科书式的生物体威胁反应。

如果抽离式自我对话能够帮助成年人，那么人们会很自然地想知道，它是否也对儿童有益。为人父母最重要的任务之一就是教会孩子如何在困难却重要的情况下坚持不懈，比如，找到能帮助他们学习的方法。怀揣着这样的问题，心理学家斯蒂芬妮·卡尔森和蕾切尔·怀特发现了所谓的“蝙蝠侠效应”[27]。

在一项实验中，他们让一群孩子假装自己是正在执行一项无聊任务的超级英雄，该任务旨在模拟完成乏味的家庭作业的体验。孩子们需要扮演某位人物角色，然后接受询问，回答他们在使用角色名完成任务时表现如何。例如，实验人员指导一个在研究中假装是“爱探险的朵拉”的女孩问自己：朵拉在研究期间“工作努力吗”？卡尔森和怀特发现，这么做的孩子们要比那些用常规的“我”的叙述方式来反思自身经历的孩子坚持得更久。（使用自己名字的第三组孩子的表现也优于用“我”的那组。）

其他与孩子有关的研究已经将这种现象应用到甚至更有压力的环境中，比如把抽离式自我对话与失去父母后的自身健康水平联系了起来。[28]例如，一个孩子说：“无论如何，爸爸爱过他们，他们必须想想发生过的好事……他们可以留住美好的记忆，忘记不愉快的事情……”相反，使用了更多沉浸式语言的孩子创伤后应激障碍的发病率更高，并且更具回避性，应对方式也更不健康。一个孩子心碎地说：“我还能想象出他临终时的样子。我希望他不必那么痛苦。他那样死去，让我很难过。”

这些发现都强调了我们在自省时用来指代自己的词语上的

一个小变化，是怎样影响我们在不同领域里控制喋喋不休的能力的。考虑到该工具带来的好处，我们有必要问一下，是否存在能同样有效地帮助人们管理自己情绪的其他类型的抽离式自我对话。我和同事们发现确实存在其他类型的抽离式自我对话，但它们的用处如此微妙、普遍、天衣无缝，以至于你几乎不会注意到它们。

普遍的“你”

尽管收到威胁信后的喋喋不休（在我说出自己的名字之前）让我感到难以忍受，但还是有那么一刻，我稍微松了一口气，哪怕只是暂时的也好：警官告诉我，这种威胁实际上对从事面向公众的职业的人来说很常见，而且几乎总会平安无事地过去。我深深地沉浸于对威胁的思考——这封信的确不像是个令人兴奋的挑战——警官的话没有消除我的恐惧，但它确实给我带来了一线光明。

它让我感觉不再那么孤单。

这是一种强有力的心理安慰，它来自普遍化的体验[29]，来自知道你所经历的一切并非你独有，而是每个人都会经历的事情——尽管不愉快，但这就是生活。当我们经历悲伤、感情动荡、事业挫折、育儿冲突或者身处其他类型的逆境时，我们经常会感到令人苦闷的孤独，这会放大我们的问题。然而，当我们和他人交谈，了解到他们也面临过类似的挑战时，我们就会意识到，尽管经历多艰，但它也发生在其他人身上。这会立刻为我们提供一种视角，内心对话会跟我们讲道理："如果别人能渡过难关，那么我也能。"原来觉得不寻常的事情，结果发现其实很普通。这给我们带来了安慰。

那么，如果不是通过听别人谈论如何克服逆境或者从他们的专业知识中获益来使体验普遍化，我们能否找到一种具有同样效果的抽离式自我对话的形式呢？我的意思是，语言结构本身是否就存在某种内置的东西，能帮助我们以更普遍的方式思考个人经历呢？

2015 年 5 月，脸书首席运营官谢丽尔·桑德伯格[30]的丈夫、硅谷企业家戴夫·戈德伯格于墨西哥度假时在跑步机上发生意外，不幸去世。事后，桑德伯格悲痛欲绝。她与戈德伯格共度的人生消失了，就好像有人从她手里夺走了他们的未来一样。丈夫去世后，她寻找了很多能够对抗吞没她汹涌的悲伤之潮的方法。她开始用日记记录日常点滴，这是一种可以理解的选择，因为正如我们所知，表达性写作是获得有益的情感距离的有效方法。[31]然而，在决定在脸书上发布的日记里，她不只一次地使用了某些词语，并且做了一些令人费解的事情。请注意桑德伯格这篇帖子里确切的措辞：

我认为，每当悲剧发生的时候，它其实呈现了一种选择。你可以向空虚屈服，向填满你的心肺、限制你思考，甚至阻碍你呼吸的虚无投降。你也可以试着去寻找意义。

乍一看，她重复使用的第二人称“你”“你的”可能很奇怪。她写的是人们所能想到的最痛苦的个人经历之一，却没有用最自然的字“我”来描述自己的经历。相反，她使用了“你”这个字，但这并非就我们之前讨论的意义而言。她就像在对另一个人说话一样。她用这个字来强调自身困难的普遍性，就好像在说：“人人都可以向空虚屈服，向填满大家的心肺、限制每个人思考，甚至阻碍呼吸的虚无投降。任何人都可以试着去寻找意义。”

桑德伯格并非唯一一个以该种方法使用“你”这个字的人。如果环顾四周，我们就可以在日常用语、脱口秀、广播及歌词中发现类似的用法。的确，一旦你注意到该现象，就很容易在阅读谈论糟糕比赛的运动员，或者谈论所面临困境的政客的采访中，注意到他们用“你”来更广泛地描述自身的经历。

当然，问题是我们为什么要这样做。我们为什么要用一个通常用来指代别人的字来谈论我们自己深层的情感经历？我和同事苏珊·格尔曼、阿里安娜·奥韦尔将这种特定用法称为“通用的‘你’”或者“普遍的‘你’”[32]。我们还发现这是另一种拉开心理距离的语言技巧。[33]

关于“普遍的‘你’”，我们首先知道的是，人们用它来谈论适用于每个人的规范，而非个人偏好。如果一个孩子举起一支铅笔问：“你用它来做什么？”（What do you do with this？）成年人通常会回答：“你用它来写字。”（You write with it.）[而不是“我用它来写字。”（I write with it.）] 相比之下，如果同一个孩子举起笔问：“你想用它来做什么？”（What do you like to do with this？）成年人通常会以第一人称的方式回应道：“我用它来写字。”（I write with it.）换句话说，“你”这个字的通用用法允许我们谈论事物的普适功能，而非具体的特殊癖好。

我们还知道，人们会用“普遍的‘你’”来理解负面经历，认为困难的事件不是只有自己才会遇到，而是日常生活的特点，就像桑德伯格在脸书上发布的帖子中所写的那样。例如，在一项研究中，我们指导人们要么去重新体验消极事件，要么思考他们可以从中学到什么。当参与者试图从负面经历中吸取教训时，他们使用“普遍的‘你’”的可能性比简单地重复回想发生了什么几乎高了5倍。这个字把他们个人的不幸与世界范围内普遍发生的事更广泛地联系了起来。从经历中学习的参与者写下了这样的话：“你后退一步，冷静下来，有时候我们得从不同的角度看问题。”“实际上，你可以从看法不同的人那里学到很多东西。”[34]

这种常态化为我们提供了在陷入喋喋不休的思维杂念时容

易缺乏的视角。它帮助我们从过往经历中吸取教训，这会让我们感觉更好。换句话说，我们在口语中使用“普遍的‘你’”并不是随意的。它是人类语言提供的又一个情绪管理工具。

那么，在我进行了自我对话并且睡着后，又会发生什么呢？

第二天早上，我醒来后，生活恢复了正常。吃早餐时，我和妻子闲聊起她当天的计划，临上班前和女儿玩了一会儿，重新投入我在过去三天里忽视的所有学生和研究中。抽离式自我对话改变了我控制喋喋不休的能力。好像折磨我的人发现他再也无法令我心烦了，写信者再也没让我烦恼。然而，一种令人不安的想法依然缠绕着我。

收到信后，我和很多人聊过，当时我正处于反刍的巅峰，就向他人寻求帮助。无一例外，与朋友、家人和同事的谈话让我感受到了支持，但它们并没有改善我对现状的感觉，也无法像抽离式自我对话那样抚慰我脑海中的声音。

这种差异的原因造成了人类大脑中另一个巨大的谜团。脑海中的声音对其他一些人来说可能是一笔巨大的财富，但我们往往没有意识到，它也可能是一种负担。

第五章

利用社交关系
强化正向思维

2008 年 2 月的某个星期四，一场没有任何预兆的悲剧在北伊利诺伊大学的校园里迅速降临。具有精神病史的 27 岁患者史蒂文·卡兹麦尔扎克踢开了一个报告厅的大门，里面的学生正在上地质学课。他带着一支猎枪和三把手枪，走上了教授正在讲课的讲台。这个不速之客朝学生开了一枪，紧接着又向教授开了一枪，教室里 119 名学生的眼神从最开始看到他时的困惑变成疑惑，最终显露出恐惧。然后，他再次向学生开火。[1]用这几支枪发射出 50 多枚子弹后，他饮弹自尽，结束了这场暴行。几分钟后，警察蜂拥而至，占领了恐怖的现场。21 人受伤，不包括凶手在内的 5 人死亡。整所大学及其所在的小城迪卡尔布都震惊了。

悲剧发生后，社区举行了公众守夜活动，但有许多学生选择在网上表达自己的感受，在脸书和悼念网站上发帖，并且使用聊天软件来谈论发生的事情。

在迪卡尔布以南170英里的伊利诺伊大学厄巴纳–香槟分校，

心理学家阿曼达·维卡里和R.克里斯·弗雷利[2]将北伊利诺伊大学校园发生的悲剧视为一个令人心碎却十分宝贵的机会，他们可以借此进一步地深入手头研究，更好地理解悲伤和实时的情感分享。在科学领域，我们有时候需要研究人们承受过的最痛苦的经历，来了解如何帮助他们把握住这些事件的有价值之处。要做到这一点，不仅需要情感细腻和有怜悯之心，还需要坚定科学方法，以及相信它有产生造福更大利益的洞见的潜力。这就是迪卡尔布枪击案发生后，维卡里和弗雷利为自己设定的任务。

他们开始给大量的北伊利诺伊大学的学生发电子邮件，邀请其参与一项跟踪他们如何应对事件影响的研究。在那之前10个月，一名持枪者在弗吉尼亚理工大学实施了一场更具破坏性的暴行，杀死了32人，同样也让整个社区陷入了极度悲痛之中。那次袭击发生后不久，维卡里和弗雷利也联系了一群弗吉尼亚理工大学的学生。现在他们可以把两个样本放在一起，来了解幸存者是如何从混乱的情绪中恢复的。

枪击案发生两周后，这两组样本中大约有四分之三的学生表现出抑郁或者创伤后应激障碍的症状。这是意料之中的。他们中的大多数人都在努力应对有生以来最令人不安的经历。北伊利诺伊大学和弗吉尼亚理工大学的学生们所经历的悲剧足以挑战一个人的世界观。当这种情况发生时，有些人试着避免专注于创伤性的记忆，以减轻痛苦；有些人积极地试图理解自身感受，这样做的一个主要方式就是和他人交流，就像学生们所做的那样。他们中有 89% 的人加入脸书小组讨论发生的事，并且阅读有关这一话题的帖子。与此同时，78% 的人在网上聊过这个话题，74% 的人用手机发送了相关短信。

大多数学生觉得这种宣泄的方式令人欣慰。它允许他们向有类似经历的人表达自己的想法和感受，这是一种有价值的普遍化的形式。正如弗吉尼亚理工大学一名学生所说的那样："感到孤独的时候，如果可以登录脸书或者发送即时消息给某人，我就会觉得和别人的联系更加紧密了。"[3]

这样的情况并不特别让人吃惊。我们都知道，当人们在喋喋不休中挣扎时，他们会很自然地倾向于与他人分享自己的想法，社交媒体和其他形式的虚拟连接为此提供了便利。在枪击事件发生两个月后，维卡里和弗雷利研究结束时的发现令人惊讶。

弗吉尼亚理工大学和北伊利诺伊大学的学生认为，向他人表达情绪让人感觉更好，然而，他们分享情绪的程度实际上并没有缓解自己抑郁和创伤后的应激症状。

所有夸张地表现感情、写作、联系别人和回忆过往的行为，都毫无益处。

从亚里士多德到弗洛伊德

北伊利诺伊大学枪击案发生的同一年，一项相关研究发表了。它研究了“9 · 11”恐怖袭击后在美国生活的一群具有全国代表性的人的情绪弹性。[4]研究人员调查了居住在美国各地的2 000多人是否选择在双子塔倒塌后的十天内去表达对“9 · 11”事件的感受。然后，他们在接下来的两年里跟踪记录了这些参与者的身心健康状况。他们研究的人类行为领域很复杂，但问题却很简单：分享情绪这种行为会随着时间的过去影响我们的感受吗？

他们的发现与维卡里和弗雷利的发现高度一致。

那些在“9 · 11”事件发生后立即分享想法和感受的人并没有感觉更好。事实上，总的来说，他们比研究中那些没有敞开心扉表达自己感受的人表现得更差。他们经受了更多的喋喋不休，更倾向于逃避式的应对。此外，在选择表达自己感受的人中，那些与他人分享最多的人普遍承受了最高程度的痛苦，身体健康状况也最差。

它再一次证明了分享情绪无济于事，在上述情况下，反而会带来伤害。

当然，校园枪击案和“9 · 11”事件都是罕见的极端暴行，这可能会让你认为，在悲剧事件发生后，与他人分享情绪无济于事。这又把我们带回了比利时心理学家伯纳德·里姆所做的工作中。

让我们回忆一下里姆发现的人类行为的基本模式。当人们感到不安时，他们会强烈地想与他人分享自己的感受。情绪就像喷气燃料，驱使我们向他人倾诉自己头脑中的想法和感受。但除了这一发现，里姆还发现了同样重要的东西——当然也更令人惊讶，它证实了这些对重大悲剧的情感后果的研究并非孤立的案例。

经过不懈的研究，里姆发现，与他人分享负面体验并不能以任何有意义的方式帮助我们恢复。当然，与他人分享情绪会让我们感到与他人更亲近，更能得到他们的支持，因为我们向他们敞开了心扉。但是，我们大多数人相互交谈和倾听的方式往往不能减少喋喋不休——通常还会使之加剧。

里姆的发现和其他许多发现一样，与传统的智慧产生了戏剧性的冲突。大众文化经常告诉我们，交谈会让你感觉更好。许多励志文学也这么说，周围人更是如此。我们被灌输的理念是：发泄情绪是健康的方式，支持他人责无旁贷。但事情没那么简单，尽管可能有一些原因让它看起来简单。

与他人谈论负面情绪对我们有好处的观点并非最近才出现。两千多年来，它一直是西方文化的一部分。亚里士多德是这种方法最早的支持者之一[5]，他建议人们在目睹了悲剧事件后净化自己的情绪，并将该过程称为“宣泄”。但直到两千多年后，此种做法才真正在更广泛的层面上受到欢迎。19 世纪 90 年代末，随着现代心理学在欧洲的蓬勃兴起，西格蒙德·弗洛伊德及其导师约瑟夫·布鲁尔秉承了亚里士多德的思路[6]，认为人们需要把内心世界黑暗的痛苦置于日光之下，才能走上健全心智的道路。你可以把这想象成情感的水力模型：强烈的情感需要被释放，就像沸腾的水壶中逸出的蒸汽一样。

虽然这些文化符号促使我们从小就与他人谈论自己的感受，但实际上，在发育的早期[7]，当我们还是淌着口水、哭叫不止的婴儿时，释放脑海中声音的潜在动力就已经根植于我们的大脑中了。

作为无法照顾自己或者管理情绪的新生儿，我们通常会像女妖一样号啕大哭（至少我的女儿们是这样做的），以此来向看护者们表达自身的痛苦。当我们的需求得到满足，受威胁的感觉消失后，生理唤醒的水平就会恢复正常。看护者在此过程中与婴儿建立起依恋关系，他们常常在新生儿还听不懂话时就与之交谈。

随着时间的流逝，我们快速发育的大脑学会了语言，并吸收了看护者告诉我们的有关因果关系、如何解决问题和管理情绪的知识。这不仅为我们管理自己的感受提供了有用的信息，还为我们提供了需要向他人讲述自身经历时讲故事的工具。这就是交流总是与喋喋不休交织在一起，喋喋不休总是会与他人密切相连的原因之一。

幸运的是，我们从别人那里得到的支持往往事与愿违是有原因的，并且有方法可以避免该种现象发生。他人可以成为帮助我们制服喋喋不休的宝贵工具，我们同样也可以帮助他人制服喋喋不休。但和任何工具一样，要想从中受益，我们就需要知道如何正确地使用它。在给予和接受支持的问题上，这种认知始于对所有人都有的两种基本需求的理解。

共同反刍的陷阱

当我们心烦意乱、感到脆弱、受伤或者不知所措时，我们就想发泄情绪，获得安慰、认可和理解。这会为我们提供一种即时的安全感与联结感，并且满足我们对归属感的基本需求。[8] 结果是，当脑海中的声音陷入消极情绪中时，我们通常会在他人身上首先寻找满足我们情感需求的东西。

我们经常把“战斗或逃跑”看作人类面对威胁时的主要防御反应。压力降临时，对于即将到来的战斗，我们会选择逃跑或蹲下。虽然这种行为的确反映出人类普遍倾向的特征，但研究人员已经记录下人们在面临威胁时表现出的另一种应激系统：“照料与结盟”[9]的反应，即人们会向他人寻求支持和关心。[10]

从进化的角度来看，这种方法的价值在于两个人比一个人避开捕食者的可能性更大的事实，在需要时团结起来能给人们带来十足的优势。支持这一观点的研究表明，压力之下与他人结盟可以给我们带来安全感和联结感。它会引发一系列减轻压力的生化反应——包括自然产生类鸦片物质和催产素（也就是所谓的“拥抱激素”），并且满足人类对归属感的基本需求。当然，我们这么做的一种主要方式就是谈心。人们通过积极倾听和表现出同理心，为我们的喋喋不休提供建议，这可以满足我们对此的需要。得到满足可以即刻让人感觉良好，得以解脱。但这只是等式的一半，因为我们还需要满足认知需要。

应对喋喋不休时，我们会面对一个待解之谜。由于受制于脑海中声音的胡作非为，我们有时需要借助外界来解决眼前的问题，从大局出发制订最具建设性的行动方案。这些都不能仅靠一位支持者的关心和倾听。我们经常需要别人帮助我们从局外人的角度来看待自己正在经历的事情，使情况普遍化，并且改变我们对它的看法。这么做可以让我们冷静下来，走出反刍的死胡同，并帮助我们重新引导语言流。

然而，这就是谈论情绪往往事与愿违的原因，尽管它拥有巨大的能帮助我们的潜力。当大脑沉浸在喋喋不休的思维杂念中时，我们会表现出满足情感需求而非认知需求的强烈偏差。[11]换句话说，难过的时候，我们倾向于过度关注接受同情，而不是寻找实际的解决方案。

造成这一困境的原因还包括等式中的另一端，即帮助者那方的问题：我们寻求帮助的人也会做出同样的回应，他们会优先考虑我们的情感需求而非认知需求。他们看到我们的痛苦，首要做的是努力给予我们爱和认可。这很自然，它作为一种关心的姿态，在短期内有时候甚至会很有用。但研究表明，即使我们发出需要更多认知帮助的信号，对话者仍会倾向于错过这些线索。[12]一组实验表明，即使明确要求支持的提供者给予满足认知需求的建议，他们仍然认为满足情感需求更重要。事实证明，我们力图满足这些情感需求的尝试往往事与愿违，这会导致朋友们感觉更糟。

以下可以看出谈话是怎么出现问题的。

为了表明自己在提供情感支持，人们通常会积极地找出到底是什么事情让我们心烦意乱，会问关于“是谁，发生了什么，何时，在哪里，为什么”的问题。他们要求我们叙述自己的感受，并且让我们详细地告诉他们发生了什么。在我们讲述发生的事情时，他们可能会点头表示同情，这通常会导致我们重新体验那些最初驱使我们寻求支持的感觉和体验，这种现象就叫作“共同反刍”。[13]

共同反刍是支持微妙地变成怂恿的关键节点。关心我们的人促使我们多谈论负面体验，这导致我们更加沮丧，也使得他们询问更多的问题。恶性循环接踵而来，人们很容易深陷其中，尤其是因为它由良好的意图驱动。

实际上，共同反刍等于对已经燃烧的脑海中的声音火上浇油。重复叙述使不愉快重演，令人担忧。虽然以这种方式与我们互动的人能让我们拥有更多的联结和支持，但它并不能帮助制订计划或者创造性地重新定义我们手头的问题。相反，它助长了负面情绪，并且加剧了我们对生物威胁的反应。

会给我们带来不利影响的共同反刍的动力来自健康及能给予支持的人际关系，因为我们的情感和脑海中声音的机制实际上并不像弗洛伊德、亚里士多德和传统智慧所认为的那样是一个液压系统。释放蒸汽并不能减轻内部聚集的压力。这是因为当谈到我们脑海中的声音时，以多米诺骨牌游戏做比喻似乎更加恰当。[14]

我们关注经历中某个消极的方面，往往会激活一个与此相关的消极想法，该想法又会激活另一个消极想法，一个接一个。在游戏中，这些多米诺骨牌会不断地互相撞击，因为可能有无限的骨牌供应。我们有关情感体验的记忆是由联想主义原则支配的，这意味着相关的概念在我们脑中是连在一起的。

为了说明这一点，让我们花些时间想象一只猫。当读到“猫”这个字时，你可能会想到自己认识或者见过的猫，或许脑海中已经有了它们的形象。但你也会想到咕噜咕噜的声音，看到柔软的毛发。你如果和我一样对猫毛过敏，就还会打喷嚏。现在我们以联想神经的多米诺骨牌效应为例，并把它应用到谈论我们情感的领域。这意味着，当朋友和亲人要求我们详细描述自己的烦恼时，相关的负面想法、思考和经历会在我们脑海中浮现，重新激活糟糕的感觉。

记忆联想的本质，加上人难过时必须优先考虑情感需求而非认知需求的偏见，是谈话通常不能把我们内心混乱的对话提升至更镇静状态的原因。这为北伊利诺伊大学和弗吉尼亚理工大学的学生积极地与他人就枪击案分享想法和感受，却没有从中获得任何显著的长期益处提供了一个可能的解释。这也是为什么在“9 · 11”事件后的全美调查中，那些分享了自身感受的人最后可能会患上更多的身体和精神疾病。当然，这些情况提出了一个紧迫的问题：怎样才能解决让我们感觉更糟的共同反刍问题?

是柯克还是斯波克?

心理学界对情感和认知——我们的感受与想法之间紧张关系的常用简单指称——是用《星际迷航》中的柯克船长和斯波克大副来表示的。柯克是个全心全意、情感丰富、令人信服、热情似火之人。相比之下，那个讨人喜欢的长着尖耳朵的半人半瓦肯人，似乎只有脑袋。他是一个清醒的问题解决者，不受情感的干扰，冷静如冰。

避免反刍思维的关键是把“进取号”星舰的两名船员的特质综合起来。支持别人的时候，我们需要提供柯克式安慰和斯波克式智慧。

最有效的语言交流能结合寻求支持者的社会需求和认知需求。[15] 在理想情况下，对话者会承认对方的所思所感，然后帮助他正确地看待问题。这种方法的优点是，你可以让沮丧之人感到被认可且获得联结，然后转而为他们提供具有大局性的建议，因为你并不沉浸于他们的喋喋不休，你是唯一有资格这么做的人。事实上，后一项任务对帮助人们驾驭自己脑海中的声音至关重要，这能让他们随着时间的推移，体验到更少的喋喋不休。

当然，时间在我们为他人提供拓宽视野的支持这项能力中发挥着一定的作用。研究持续表明，当人们的情绪被激发，达到情感体验的峰值时，他们不愿意在认知上重新构建感受——他们之后会选择进行智力上的干预。[16] 这就是与他人交谈的特定技巧开始发挥作用的地方，因为你必须让心烦意乱的人们的需求从情感层面转向更实际的认知层面，这个过程如同走钢丝。

事实证明，几十年前，纽约警察局人质谈判小组就为这种平衡法制定了一个版本。该小组出现在 20 世纪 70 年代初，当时不仅在纽约市，而且在世界各地都发生了一系列灾难性的事件。举几个例子：1971 年的阿提卡监狱暴动，1972 年的慕尼黑奥运会惨案，以及出现在电影《热天午后》中的 1972 年布鲁克林银行抢劫案。一位名叫哈维·施洛斯伯格的警官兼临床心理学家受命为新单位编写工作手册，其非官方的口号就是“和我谈谈”。他将富有同情心的接触置于使用武力之上，同时强调要有耐心。一旦绑匪意识到没有即刻的危险，他们自发产生的威胁反应（可能）就会缓解。这减少了他们脑海中的声音负面的疯狂，从而助力谈判者扭转局势，结束僵持。[17]

纽约警察局人质谈判小组一经成立并开始运作，该市人质事件的不良后果便立即减少。这一突破促使包括美国联邦调查局（FBI）在内的全球执法机构纷纷效仿。FBI 自行开发了名为“行为改变阶梯模式”的方法。这包括引导谈判代表的一系列步骤：积极倾听→产生共鸣→融洽相处→形成影响→改变行为。本质上，这是一份满足人们社交时情感需求的指南，促使他们利用认知力找到解决方案。执法机构的谈判代表们会自然地试图化解危险情境，并且逮捕犯罪嫌疑人，他们的工作与指导我们关心的人解决问题有一些相似之处。在这两种情况下，人们都可以从恰当的语言支持中受益。

当所有策略都适用于你帮助生活中的其他人管理自己脑海中的声音时，它们也可以帮你更好地选择情感支持对象。在让你感到被认可和理解后，他们是否会引导你集思广益以找到切实可行的解决方案？或是会过度提取细节，通过重复“他真是个混蛋！真不敢相信他会那么做”来激活你那令人沮丧的经历？通过事后反思，你通常可以确定那人是让你沉浸其中还是帮你保持距离。很可能是二者兼有，这可以成为一次交谈的初始话题：他下次如何能更好地帮助你。通过利用“喋喋不休顾问”来彻底想清楚其他经历，你还可以把范围缩小到什么样的人适合解决哪些问题上。

虽然有些亲朋好友和同事能帮助我们克服各种各样的情感逆境，可当问题更专业化时，特定的人可能会更有帮助。你的兄弟可能是指导你解决家庭纠纷的合适人选（同样可能是错误的人选）。你在职场挑战中完美的“喋喋不休顾问”可能是伴侣，或者可能是来自单位里另一个部门的人。事实上，研究表明，那些能获得多样化支持来源——根据不同的需要向不同的人际关系求助[18]的人受益最大。这里最重要的一点是，在一个引发喋喋不休的事件发生后进行批判性的思考，反思谁对你有帮助，或者谁对你没有帮助。这就是你建立“喋喋不休顾问委员会”的方式。在互联网时代，我们可以在网上找到前所未有的新资源。

一个有力的案例是记者、情感专栏作家及活动家丹·萨维奇及其伴侣特里·米勒。2010 年 9 月，在读到一位同性恋青少年因为遭受无情欺凌而自杀身亡的新闻后，他们决定寻找一种回应的方法。一个名叫比利·卢卡斯的15岁少年在位于印第安纳州格林斯堡的祖母的谷仓里上吊自杀了。萨维奇在博客上记录了他的死亡，一位读者留言说，希望自己能告诉男孩儿一件事：他的生活会变好的。这促使萨维奇和米勒拍下自己的生活，讲述了虽然他们的青少年时期过得很艰难，但他们如何在成年后过上了充满爱和归属感的幸福生活。他们发在网上的视频在不到一周的时间里就像病毒一样疯传开来。成千上万的人制作了类似的视频，全美各地的同性恋青少年写信给萨维奇，说自己因此感到人生更有希望。

10年后——就在我写这本书的时候——事实证明，促使第一段视频诞生的情绪绝不只是个如病毒传播般的现象。"会更好的"（It Gets Better）是一个创新的非营利组织和全球性的草根运动。[19] 7万多人分享了他们鼓舞人心的故事，几乎有十倍以上的人承诺予以支持，无数年轻的同性恋者找到了安慰、力量，以及在真正展开人生的画卷之前不要结束生命的理由。"会更好的"拯救了许多情绪脆弱的人脑海中的声音，因为它在本质上是一种促进普遍化和进行精神层面时间旅行的抽离工具，每个人都会被命运捉弄，但我们都能挺过去。最有趣的是，要想从建议中获益，观看视频的人并不需要真正认识演讲者，这一原则适用于网络上所有类似的社交支持类视频。我们可以从预先录制好视频的陌生人那里找到指导我们克服喋喋不休的方法。

当我们克服喋喋不休时，关于该去向谁寻求支持，以及他们是怎样在言语上和我们交流的，我们提出了一个关于治疗及其有效性的问题，因为很明显，它涉及了大量的谈话。谈话是否能够如传言所说，真的解决问题呢？

首先要记住的是，谈话疗法有无数种形式，它们在使用方法上往往大相径庭。很多经过经验证实的治疗形式，如认知行为疗法，用的正是我们在本章中讨论过的技巧。它们在为客户提供情感支持的同时，也在帮助他们解决认知上的问题，后者至关重要。

然而，有些干预措施仍然集中在深层情感的宣泄上，以此作为减少喋喋不休的工具。举个例子：心理疏泄[20]强调了在负面经历造成的直接后果中卸下情绪负担的价值，尽管有大量证据反对该种说法。关键点是，你如果发现要想克服喋喋不休，就需要不止一次地与亲友交谈，那么，鉴于你现在所知道的知识，去和你期望的心理健康提供者交谈，了解他们提出的方法，看看这些方法是否得到了经验上的支持。

无形的支持

目前为止，我们探讨的一切都是关于人们寻求支持的情况。

然而，我们都知道某些经受喋喋不休困扰的人有时候并不去寻求帮助。他们可能会试图自己解决问题，或者担心求助会影响别人对他们或者他们对自身的看法。但通常，我们还是想以某种方式来为他人提供支持。毕竟，观察我们关心的那些人实际上是一种强大的神经生物学体验。[21]它能触发同理心，激发我们想要代人行事的意愿。

然而，在这种情况下，人们需要谨慎行事。研究表明，无论你有多么擅长融合柯克和斯波克的优点，试着主动提出建议还是有风险的。如果提建议的时机不当，也会适得其反。

想一想父母指导孩子攻克百思不得其解的数学题的典型经验吧。父母认真地审视题目，确信的耐心、清楚的讲解正是孩子完成作业并获得良好的自我感觉所需要的。这应当是一个会产生积极情绪的认知解决方案，对吧？但事实并非如此。父母讲解时，孩子会变得乖戾不安。随着争论爆发，清晰的数学逻辑不知何故就迷失在了情绪干扰中。

“我知道这道题该怎么做！”孩子说。

“但你遇到了麻烦，所以我才试着去帮你。”家长回应道。

“我不需要你的帮助！”

孩子怒气冲冲地回到了自己的房间。家长很困惑：刚刚发生了什么？

（注意：这可能是亲身体验，也可能不是。）

在不考虑个人需求的情况下提供建议会破坏这个人的自我效能感——我们有能力应对挑战的重要信念。换句话说，当意识到别人在帮助自己，但我们本身并未请求援助时，我们会将此理解为在某种程度上，我们一定是无助的或者没用的，那是脑海中的声音可能会解读出的一种感觉。对自我效能感的长期心理学研究表明，它的受损不仅会影响自尊，还会破坏我们的健康、决策能力和人际关系。[22]

20 世纪 90 年代末，哥伦比亚大学心理学家尼尔·博尔杰及其同事利用纽约律师资格考试[23]来检验人们在试图为他人提供帮助的过程中何时最有效。正如所有律师及其亲朋所知道的那样，这是一项艰苦的，并且会引发人们大量喋喋不休的考试。博尔杰招募了一些情侣，他们其中一方在备考执业考试。在一个月多一点儿的时间里，博尔杰让被试回答一组问题，内容聚焦于他们焦虑、沮丧的程度，以及他们从伴侣那里得到了多少支持。他还让被试的伴侣汇报他们提供了多少支持。博尔杰主要感兴趣的是人们从社交支持中获得的益处是否取决于一个人是否意识到伴侣在试图帮助他 / 她。

该研究表明，在受助者没意识到的情况下给予帮助（该现象又被称为“无形的支持”），是帮助他人，同时不让他们因缺乏独自应对的资源而感到愧疚的方案。由于得到了间接帮助，受助者便感到没那么沮丧。实际上，这可以是任何形式的在暗中给予的实际支持，比如在对方没有要求的情况下料理家务，或者为办公的人创造更安静的空间。这或许还包括在人们没意识到是明确针对他们的情况下，巧妙地为之提供拓宽眼界的建议。比如，当着有需要（某种无形建议）的人的面，隐晦地向他人寻求对朋友或者爱人的建议，或者通过谈论别人是如何处理类似体验的，使类似感受变得普遍化。这么做既传达了需要的信息又提供了帮助，但并不聚焦于脆弱的人显而易见的缺点。

博尔杰的首个实验开创了这一领域以来，其他研究也纷纷证实了无形支持的有效性。例如，一项关于婚姻的研究发现，伴侣在得到无形支持的次日对亲密关系感到更加满意。[24] 另一项实验发现，如果在未被察觉的情况下得到了伴侣的支持，人们在实现自我完善的目标时会更加成功。[25]

进一步的研究表明，这种无形的支持在人们待评估或者正准备接受评估的情况下最有效。[26] 比如，在他们备考、准备面试，或者为演示彩排、准备发言要点的时候。人们在这些时刻最易感到脆弱。相反，当人们想要尽快且有效地控制自己的喋喋不休时，就没必要在支持的方式上表现得不露声色或者耍手段。在这种情况下，把柯克和斯波克融合在一起的直接建议是最有必要、最恰当，也是最有可能成功的。

除了我们讨论过的各种形式的无形支持，还有一种方法可以巧妙地帮助与我们非常亲近的、发现自己陷入喋喋不休思维杂念的人，并且它完全是非语言的方式，那就是温情的抚摸。

抚摸实际上是我们用来帮助我们最关心的人扭转消极内在对话最基本的工具之一。和语言一样，从婴儿期起，它就和我们管理情绪的能力密不可分，因为从我们离开母亲的子宫的那一刻起，看护者就用温情的身体接触来安抚我们。研究显示，当人们感受到亲近的人令人愉快的温情的抚摸或者拥抱时，他们通常会把这理解为自己是安全的、被爱的和受支持的。来自认识和信任的人关爱的身体接触[27]弱化了我们对生物威胁的反应，改善了我们应对压力的能力，提高了我们对人际关系的满意度，并且减少了我们的孤独感。它还激活了大脑的奖赏回路，并且释放能缓解压力的神经化学物质，如催产素和内啡肽。

事实上，温情抚摸的威力如此之大，以至于一组研究发现，仅仅一秒的肩膀接触[28]就能让自卑的人对死亡不那么焦虑，并且感觉与他人的联系更加紧密。更让人惊奇的是，即使只是触摸舒适的无生命物体，如泰迪熊[29]，也会给人们带来益处。这很可能是人类大脑对接触毛绒玩具进行编码的结果[30]，它与对人际接触进行编码类似。事实上，许多科学家认为皮肤是一种社交器官。[31]从这个意义上说，我们与他人的接触是持续存在的非语言对话中的一部分，这对我们保持良好的情绪有益。

在日常交往中，我们给予他人和从他人那里得到的东西构成了一个抚慰脑海中的声音的丰富组合。它们是如何发挥作用的科学原理正在变得清晰。当然，在我们所爱的人身上运用它们需要一定的技巧，更别说真正实践了。

从根本上说，我们与他人的对话和与自己的对话并没有什么不同。这样的对话可以让我们感觉更好，也可以让我们感觉更糟，这取决于我们与他人如何互动。我们都会或多或少地体验喋喋不休。人类开始分享自身问题以来，这种情况可能就一直存在，我们只是直到最近才了解其潜在的心理机制。

然而，在21世纪初，我们的人际关系已经开始迁移到一个对人类和喋喋不休来说都是新兴的环境中，这就是北伊利诺伊大学和弗吉尼亚理工大学的学生们在各自的悲剧发生后去的同一个地方：互联网。一个很自然的问题是，口头支持的成功和失败是否会延续到我们在社交媒体、短信及其他形式的数字通信中的“交谈”方式上。

虽然心理学才刚开始着手解决这个问题，但是我们已经看到了一些线索。例如，在2015年左右，我和同事们想通过社交媒体更好地理解共同反刍的本质[32]，所以我们让那些正在与不愉快体验做斗争的人通过电脑上的即时通信应用程序与另外一个人聊天。他们不知道的是，另一人是训练有素的演员，他们会说服一半的参与者不断地谈论发生了什么；对另一半人，演员们则会逐渐鼓励他们拓宽视野，关注大局。

果然，那些被引导去预演自己感受的参与者在谈话中变得越来越沮丧。从在键盘前坐下一直到离开，他们的负面情绪一直在飙升。相比之下，在演员的帮助下拓宽视野的参与者仍然和初次迈入实验室时一样冷静镇定。

客观地说，当我们在网上和线下寻求或者给予帮助时，并非总是想着我们这些实际生活中的人形成了社交环境。我们一直在学习的是如何驾驭这种环境，使脑海中声音的积极结果最大化。我们周围的事物与居住在其中的人密不可分，与他人的人际关系可为我们提供资源，我们在利用这些资源时，获得的益处是巨大的。但他人仅是环境中的一个方面，我们可以利用这个方面来改善内心对话。

我们也可以出门散个步，听场音乐会，或者只是简单地整理一下居住空间。每一个看似很小的行动都能对我们的喋喋不休产生惊人的影响。

第六章

由外而内：物理环境与内在秩序

1963年，芝加哥房管局在该市历史悠久的黑人聚居的南区完成了一项意义深远的项目：罗伯特·泰勒公寓。[1]这是一个由28栋16层混凝土塔楼组成的庞大社区，是世界上有史以来最大的公共住房综合体。

建造罗伯特·泰勒公寓是为了阻止贫民窟居住条件进一步恶化，恶劣的居住条件正在占领越来越多的社区。该项目是以一位近期去世的著名黑人社区领袖和建筑师的名字来命名的。[2]不幸的是，最终的成品没能向他致敬。罗伯特·泰勒公寓不仅强化了已经在芝加哥盛行的全市范围内的种族隔离结构，而且逐渐加剧了社区面临的挑战。

到20世纪80年代，罗伯特·泰勒公寓已成为在美国许多城市泛滥的同样问题的缩影：帮派暴力、毒品，以及被恐惧、疾病及剥夺公民选举权困扰的人们。一项声势浩大、备受吹捧的城市更新计划，却沦为城市在衰退过程中对非裔美国人造成巨大影响的另一个案例。

如果你住在罗伯特·泰勒公寓里，那你不必打开电视或者阅读报纸——你只需要走出公寓的大门——就可以目睹20世纪下半叶贫穷和种族隔离给美国带来的毁灭性影响。但在决定了罗伯特·泰勒公寓居民生活状况的犯罪氛围和日常喧嚣里，一项开创性的实验即将展开。

人们申请罗伯特·泰勒公寓的住房时，对自己即将入住的楼房没有发言权。就像实验对象在实验中被科学家随机分配到不同的小组中那样，人们也被随机地分配到不同的单元楼里。结果是，在很多情况下，租户发现在自己居住的公寓外能看到截然不同的风景。有些单元楼的窗户朝向长满草和树的庭院，其余的窗外却只有灰色的水泥板。

20世纪90年代末，这种独特的景观最终给在伊利诺伊大学工作的新晋助理教授郭明（音译，原文为Ming Kuo）[3]提供了一个意想不到的机会。郭明留着一头黑色的短发，戴着眼镜，笑容可亲，头脑敏锐，她感兴趣的是居民所处的物理环境是否会影响他们在毒品和犯罪猖獗的环境中应对压力的能力。和许多其他的科学家一样，她对越来越多的研究表明绿地景观与增强复原力呈正相关的结果感到震惊。

在一项特别引人注目的研究中，环境心理学家罗杰·乌尔里希[4]发现，做了胆囊手术的病人如果被分配到一间面朝落叶乔木小树林的房间里会康复得更快。与房间朝向砖墙的病人相比，前者服用的止痛药更少，并且护士认为他们的情绪恢复能力也更强。但是，在作为美国最恶劣的环境之一的老城区里，瞥见绿色景观能否帮助人们控制生活中的情绪波动，完全是个谜。

了解到罗伯特·泰勒公寓住房分配的流程时，郭明看到了一个进一步检测大自然对心理造成影响的机会。于是她和团队开始参观公寓，看看能发现什么。他们拍下了罗伯特·泰勒公寓其中 18 栋楼房周边地区的照片，并且为每栋楼拥有的绿地空间的情况进行编码。然后，他们挨家挨户地为研究招募参与者，在这种情况下，他们主要面向的是女性住户。在参与者公寓里进行的 45 分钟访谈里，郭明的团队记录了她们是如何处理生活中最重要的议题的：是否重返校园，如何保证家庭安全，怎样抚养孩子。他们还通过女性住户们能从一连串数字中记住多少，以及在做事中能操作多少位数字来测评每个人集中注意力的能力。

当郭明和团队分析数据时，他们发现住在有绿色景观公寓里的房客显然比那些住在看到贫瘠景象的公寓里的人更能集中注意力。在做出具有挑战性的决定时，前者不会那么拖延，并且觉得眼前的障碍没那么令人沮丧。换句话说，她们的行为更加积极，思维更加冷静，也更乐于接受挑战。此外，郭明的发现表明，因为能更好地集中注意力，这些居民的行为和思维更加积极。树和草似乎就像精神上的维生素，增强了她们应对压力的能力。

事实证明，郭明的发现并非侥幸。在她开展研究后的那些年里，有更多的绿色发现涌现。[5]比如，科学家利用18年的时间收集了10 000多个英国人的数据。[6]他们发现，当人们生活在有更多绿地的城市地区时，其感受到的痛苦程度更低，幸福感更高。与此同时，一项在2015年开展的针对加拿大多伦多市的高分辨率卫星图像的研究发现，在一个街区多种植10棵树给人们健康状况带来的改善，与他们年收入增加1万美元或者年轻7岁所取得的效果相当。[7]最后，一项涉及英国所有低于退休年龄的人口（约4 100万）的研究表明，接触绿色空间可以缓解贫困带给健康的一些有害影响。[8]换一种稍微夸张些的说法就是，绿色空间的功能类似于集伟大的治疗师、抗衰老的灵丹妙药及免疫系统的助推器于一体。

这些发现提出了一种令人着迷的可能性：我们的内心对话受到日常生活中所处物理空间的影响。我们如果明智地选择如何与周围环境发生联系，就可以帮助自己控制脑海中的声音。但为了理解这是如何运作的，我们首先需要知道大自然的哪些方面会对我们产生吸引力。

人类思维和自然世界的相互作用

从某种意义上说，郭明在芝加哥和罗伯特·泰勒公寓的工作并非以她或乌尔里希对胆囊病人的研究为起点。相反，它源于一对科学家夫妇对人类思维和自然世界相互作用的好奇心。

20 世纪 70 年代，密歇根大学的心理学家斯蒂芬和雷切尔·卡普兰提出了一个有趣的想法：大自然可以像万能电池一样，为人类大脑所拥有的有限的注意力储备池充电。[9] 他们称之为“注意力恢复”理论。

当然，大多数人都知道观赏如画般的日落山景、在林中漫步或者在海滩上闲度一天通常会让人感觉良好，但还有没有其他发现呢？卡普兰夫妇认为有，理由是美国现代心理学创始人之一的威廉·詹姆斯于 100 多年前提出了与人类注意力有关的差异。[10] 詹姆斯把我们的注意力分为无意识的和有意识的两类。

我们之所以会不自觉地关注某件事，是因为关注的对象有一种天生的耐人寻味的特性，这种特性毫不费力地就吸引了我们。比如，你可以想象在现实生活中，当你在城市里漫步的时候邂逅了一位在街角演奏的天才音乐家，你注意到乐声，被吸引驻足，听了一会儿（然后在离开前，你也许扔了些钱到他的乐器盒里）。你的注意力已经被轻轻地卷入了卡普兰夫妇所说的“软魅力”的进程。

相反，有意识的注意则完全与我们的意志有关。它抓住了人类拥有的一种惊人的能力——把注意力集中在我们想要关注的任何事情上，比如一道数学难题或者我们试图停止反复思考的困境。因此，有意识的注意力容易被耗尽，并且需要不断续航，而无意识的注意力则不会消耗大脑那么多的有限资源。[11]

卡普兰夫妇认为大自然之所以能吸引人们无意识的注意力，是因为它充斥着软魅力：我们的大脑无意识地被微妙的刺激吸引。自然界用一些古老的物件，如大树、复杂精细的植物和小动物，巧妙地吸引了我们的注意力。我们可能会瞥一眼这些东西，像对待在角落里演奏的音乐家一样，为了更好地欣赏而走近它们，但并不会像听演讲时记录要点或者在城市里开车时那样仔细地关注它们。那些活动会消耗我们执行功能的电量，欣赏自然却恰恰相反，毫不费力：它会给引导我们有意识地注意的神经资源充电。

郭明及其同事在芝加哥进行的研究旨在严格地论证卡普兰夫妇的理念，并且正如我们已经看到的那样，他们提供了巨大的支持证据。其他实验同样证明了大自然的力量。

于 2007 年完成的一个经典性研究[12]就开展于离我位于安娜堡市的家几个街区远的地方，马克·伯曼及其同事把参与者带进实验室里，让他们接受一项评定注意力的苛刻测试：他们要听几组从 3 位到 9 位不等的数字，然后以倒序的方式进行复述。随后，一半的参与者在当地植物园里散了将近一小时的步，而另一半人则在安娜堡市中心拥挤的街道上行走了同样长的时间。然后他们回到实验室里，重复做关于注意力的测试。一星期后，他们交换了环境，每个人都得走一遍上周没走的路。

研究发现：在自然环境中散步后，参与者在注意力测试中的表现有了显著提高，但在城市中散步的人的表现则没有改善。前者能更敏捷地颠倒数字并把它们复述给实验者。此外，该结果并不取决于参与者是在闲适的夏季还是阴郁的冬季散步。无论在一年中的什么时节，漫步于大自然中比在城市中散步更有助于提升注意力。

伯曼及其同事们继续在其他人群中复制研究方法。比如，一项针对临床抑郁症患者的研究表明，在大自然中散步改善了他们的认知功能，使他们感到更快乐。[13] 另一项由另一个团队进行的囊括 90 多万名参与者的卫星图像研究发现，与绿色环境接触最少的孩子，成年后患抑郁症、焦虑症等心理疾病的风险要比他人高 15%~55%。[14] 这一切，连同郭明在芝加哥的研究，都表明大自然能给人们带来的好处并不局限于注意力储备，也会延伸到我们的情绪上。

考虑到保持注意力的能力对人们管理自己脑海中声音的重要性，自然对人类的感受产生影响是有道理的。毕竟，我们研究过的许多保持距离的方法都依赖于集中注意力。你如果不能集中注意力，就很难通过记日记来进行“时间旅行”，或者采用“墙上苍蝇”的视角。此外，将内心对话从困扰我们的事情上转移或者重新定义如何看待压力情境等能力，需要精力充沛的执行功能。但郭明和其他科学家从未验证过大自然可以直接减少人们反刍的想法。此类研究是 2015 年在位于加利福尼亚州帕洛阿尔托市的斯坦福大学里展开的。[15]

位于郊区的树木茂密的帕洛阿尔托市与满是沙砾、拥挤不堪的芝加哥完全不同，尽管该城也有一些繁忙的街道。那里的研究人员设计了一项实验，让参与者选择在拥挤的街道或者斯坦福大学校园附近的绿地上步行 90 分钟。研究结束时，科学家们比较人们的反思水平后发现，在大自然中散步的参与者报告说，他们体验的喋喋不休更少，在支持反刍的大脑区域网络里的活动也更少。

作为一名土生土长的城市居民[16]，我觉得有必要在此稍做停顿。在过去的两个世纪里，人类文明经历了从农村到城市的大规模迁移，预计到 2050 年，世界上 68% 的人口将会居住在城市。[17] 如果你过着城市化的生活，那你作为很少有机会接触自然和绿色空间的庞大人类群体中的一员，对研究结果感到惊恐是很自然的。我第一次了解该项研究时，确实也感到了不安。我想知道，在费城和纽约这种密集的混凝土城市中生活了 28 年是否意味着我——以及所有有类似城市生活经历的人——肯定会健康状况不佳、注意力受损，并且有更多的反刍式思维？

幸运的是，答案是否定的。你不是必须得被大自然环绕才能“绿化”思想。回想一下，卡普兰夫妇注意力恢复理论的基本观点：大自然微妙的感知特征就像大脑的一个电池组。好吧，令人愉悦的“软魅力”的视觉特性并不仅仅在你身体接近自然时才会产生这种效果。通过照片和视频间接地接触自然界也能恢复注意力资源。这意味着你可以通过浏览有关自然风光的照片或视频，把自然及其各种好处带入城市或者任何其他环境。令人难以置信的是，就人类大脑而言，虚拟的自然仍是自然。

例如，2016 年发表的一项实验通过给参与者布置可怕的演讲任务来给其施加压力。之后，参与者观看了一段关于社区街道中不同绿色景观的 6 分钟视频。[18] 在低级测试中，参与者观看了一段没有任何树木的街道旁的房屋的视频；在高级测试中，视频带领大家参观了一个绿树成荫的社区。与观看了较少绿色空间景观的人相比，那些观看了绿树成荫景观的人在演讲压力中的恢复力高了 60%。

虽然大部分关于大自然心理益处的研究都集中在视觉曝光上，但我们有理由相信，其他感官也为这些惊人的效果提供了途径。2019 年的一项研究发现，让人们接触自然的声音，比如雨滴声和蟋蟀的鸣叫，可以提升人们在注意力任务中的表现。[19] 这种自然的声音形式也可能构成了一种“软魅力”。

总的来说，这些发现表明，大自然为人类提供了一种从外而内关爱自己脑海中声音的工具。另外，我们接触大自然的时间越长，我们的健康状况就越好。[20] 大自然为我们提供了一个构建环境以减少喋喋不休的剧本。引入新技术更有可能让人获益。比如，马克·伯曼及其合作者凯瑟琳·舍尔茨开发了一款名为 ReTUNE[21] 的应用程序，意为通过城市的自然体验进行修复。它整合了芝加哥大学周边每个街区的绿色度、噪声、犯罪频率等信息，从而得出自然度的评分。当用户输入旅行目的地时，应用程序会考虑到诸如十字路口的数量、步行距离等实际问题，生成可以最大限度地发挥步行恢复性的方案。如果该方法被证明有效，下一步自然是将该应用程序扩展到……所有地方。当然，你不需要在日常生活中使用这款应用程序来最大化地接触自然，你只需要仔细评估自己经过的不同环境，并且相应地修改路线。

正如大脑与自然的关系所证明的那样，物理世界能够影响我们内心深处的心理活动。但是，大自然诸多的"软魅力"之源只是我们获得这些益处的途径之一。另一个可以帮助我们控制脑海中声音的特点并不受周围自然环境的限制。我们可以在音乐会、博物馆，甚至是看到婴儿迈出第一步时发现它。

缩小自我，你的问题也变小了

苏珊娜·博特[22] 抓着船桨爬上木筏时，身体因兴奋而感到微微刺痛。在接下来的 4 天里，她将和另外 3 艘木筏一起沿着犹他州波光粼粼的格林河去往下游。白天，他们会游览如城堡般的黄褐色的峡谷岩壁；晚上，他们则会围着摇曳的篝火谈论白天的冒险经历。

尽管上述场景只是我们对该群体的初次亮相的粗略一瞥，但他们可不是一般的荒野爱好者。大多数船桨手都是经受过战火洗礼的退伍军人，还有几名是在“9 · 11”事件中充当过急救员的前消防员。每个人都应征了一则招聘退伍军人参与的格林河之旅，这次旅行费用全包，旨在为他们创造一次与大自然亲密接触的机会。然而，这里另有玄机：旅行同时也是一次研究实验。尽管如此，所有参与者需要做的只是划桨和填写几份调查问卷。

博特是这群人中的边缘人。她既不是退伍老兵，也没有灭火的经验。2000 年，在花了 6 年时间从科罗拉多州立大学取得自然资源管理专业博士学位后，学术界“不出版就出局”的文化让她精疲力竭。于是她开始从事帮助小城镇振兴的重建工作。但与其他许多美国人，包括她在伊拉克担任高级情报官员的哥哥相比，博特一直对自己优越的生活保持着警觉。有些人的反刍来自他们所做的事情，而她的反刍则来自那些她没做过的事情。她需要改变。

在美国工作了几年后，博特找到了一份美国国务院驻伊拉克的合同工工作，该工作支持伊拉克新政府的举措，来加强对伊拉克不同地区的控制。博特于 2007 年 1 月抵达巴格达，并被派遣在拉马迪市工作一年。就在她抵达该市的一个月前，该市被《时代周刊》誉为“伊拉克最危险的地方”。[23] 在那里，她花了很多时间为伊拉克新政府制定长期的过渡战略，与海军陆战队和陆军工兵组成的小部队密切合作。她的通勤包括穿着防弹衣乘坐悍马，从车里快速转移到建筑物中以躲避狙击手的枪火。她置身于舒适的科罗拉多以外的另一个世界里。

新事业为博特提供了生活中一直缺少的目标感，也将她推向情绪崩溃的边缘。她定期参加为阵亡同事举行的纪念活动，并在工作中目睹了她没有心理准备的恐怖事件，比如汽车炸弹、领土冲突、暗杀等。

2010 年，博特回到了美国的家中，她的喋喋不休开始占据上风。为什么她能活下来而那么多同事却不能的疑问成了她持续的痛苦之源。她所目睹的恐怖记忆在她脑海中重现，雪上加霜的是，不断有新闻详述恐怖组织在她近期生活和工作过的那些地区出现。2014 年，当她得知曾与她在伊拉克密切合作的记者詹姆斯 · 福莱被叙利亚的恐怖组织斩首时，博特脑海中的喋喋不休达到了顶峰。她在没做好心理准备的情况下，观看了恐怖组织在互联网上发布的斩首视频。从那以后，她就再也不是原来的那个她了。然后，她看到了木筏旅行的广告。

在他们第一天旅程的晚上，博特填写了一份要求她对自己所经历的几种不同的积极情绪进行评价的简短问卷。以来自加州大学伯克利分校的心理学家克莱格·安德森[24]（他本人也参加了此次旅行）为首的一组科学家希望利用船桨手的回答来了解常见但缺乏研究的敬畏情感体验所带来的影响。

敬畏感是当我们遇到无法轻易解释的强大事物时所感受到的惊奇。[25]在自然界中，当我们看到壮观的日落、令人仰止的高山或者美不胜收的景色时，我们通常会沉浸在这样的情绪中。人们认为敬畏感是一种超越自我的情感，因为它允许人们超越自己的需要和欲望去思考和感受。这反映在激发敬畏感的体验[26]在大脑中的表现：与自我沉浸有关的神经活动减少，这类似于人们冥想或者服用迷幻药时大脑的反应[27]，后者因模糊了个人的自我意识与周围世界间的界限而臭名昭著。

然而，敬畏感的产生绝不仅限于大自然和神奇的户外。有些人在音乐会上聆听布鲁斯·斯普林斯汀的歌曲、诵读艾米莉·狄金森的诗歌，或者在卢浮宫欣赏《蒙娜丽莎》时，也会有这种感觉。另一些人则可能会在目睹了一些非同寻常的事情时满怀敬畏，比如激动人心的体育赛事，诸如美国宪法等具有传奇色彩的事物，或者见证了婴儿迈出第一步等具有纪念意义的时刻。进化心理学家认为[28]，我们之所以产生该种情绪，是因为它通过减少自身利益，帮助我们团结他人，成群结队以更好地抵御威胁，合作以实现更高远的目标，从而为我们提供了生存优势。

但伯克利分校的团队感兴趣的不仅仅是搏击咆哮的急流是否会让筏夫们体验到敬畏感——他们认为这的确可以。他们真正想知道的是，人们在旅途中感受到的敬畏感是否会在旅行结束后对其压力及幸福感产生任何持久的影响。

所以，在漂流之旅伊始和结束的一周后，安德森要求船桨手填写一组衡量幸福、压力和创伤后应激障碍的测量指标。两次评估之间发生了很多事情。在为期 4 天的旅行中，他们乘木筏漂流了几十英里，下午通常会沿着河岸徒步。通过观赏数千年前的史前岩画，他们开始思考被遗忘的古代人也曾经和他们现在一样，沿河行走在同一片土地上。旅行过后，这些体验带来的影响会消散，还是会留下些什么呢？

当研究结束后，安德森分析数据并发现，旅行结束后，参与者的每项幸福指标都表现出了显著的改善：他们的压力和创伤后应激障碍水平下降了；与此同时，其总的幸福水平、对生活的满意度和归属感提高了。这些结果本身就很有趣，但最吸引人的发现与对它们的预测有关。正如安德森及其同事的预期，这并不是船桨手在每天的漂流之旅中所感受到的乐趣、满足、感激、喜悦或者自豪所起的作用。起作用的是令人敬畏的感觉。苏珊娜感到她的上述所有感受全都增强了，包括脑海中更加平静的声音。“那次漂流之旅极大地改变了我的看法。”两年之后，她这样告诉我。

当你置身于某种巨大且难以描述的事物面前时，你很难维持自己及脑海中的声音是世界中心的观点。[29]它和我们研究过的其他保持距离的方法一样[30]，改变了你思想的突触流。[31]然而，在拥有敬畏感的情况下，你不必把注意力集中在视觉练习或者重构一段令人沮丧的经历上。从这个意义上说，就像说出你自己的名字一样，你只是拥有了经历，不管发生了什么，随之而来的都是解脱。当你在令人惊叹的景象中感到自己变得更加渺小时——这种现象就被描述为“缩小自我”——你的问题也同样变小了。

伯克利分校的研究人员对格林河木筏漂流的研究只是将敬畏感与身心益处联系起来的新兴研究领域中的一个例子。另一项研究表明，敬畏感让人觉得更容易获得时间，会促使他们优先考虑费时但回报高的经历，比如去看一场百老汇演出，而不是不费时却低回报的物质体验，比如买一块新手表。[32]同时，在生理层面上，敬畏感有助于消退炎症。[33]

事实上，敬畏感对行为的影响如此之大，以至于人们都会不由自主地注意到它。一组研究发现，“有敬畏倾向”的人会给朋友留下更谦卑的印象。[34]人们认为，他们也更谦逊，对自己的优缺点有更平衡的看法（两者皆为智慧的标志[35]），并且能更准确地将他们的成功归于外部影响所起的作用。

当思考敬畏感在我们的情感生活中所扮演的角色时，我们需要将一个重要的告诫考虑在内。[36] 虽然大量的研究将它与积极结果联系在一起，但科学家们已经表明，小部分令人心生敬畏的经历可能会引发消极情绪。从消极的意义上说，目睹龙卷风、恐怖袭击等遭遇是“可怕”的。（研究表明，有大约 80% 与敬畏感有关的事件令人振奋，20% 则不然。）就此意义而言，人们认为如壮观的日落等经历是令人敬畏的，因为它们是如此巨大、复杂，以至于我们无法轻易解释。二者的不同之处在于人们认为那 20% 的事件具有威胁性。事实证明，当你在敬畏感的等式中加入一点儿威胁时，你就会把普通的想法变成喋喋不休的思维杂念，这也许并不令人惊讶。

敬畏感的有效力量在于它能让我们感觉自己更渺小，促使我们放弃对脑海中声音的控制，去追求一种更崇高的伟大。但是，我们的物理环境还可以利用另一种杠杆来改善内在的对话。与向生命的广袤无度屈服相反，它是一种不能帮助我们放弃控制权，反而重新获得它的杠杆。

纳达尔原则

2018 年 6 月，西班牙网球巨星拉菲尔 · 纳达尔踏上法国网球公开赛的红土球场，在总决赛中奋力争夺自己的第 11 个冠军。

那年夏天，15 000 名球迷在巴黎焦急地等着观看一场世界级的比赛。纳达尔和对手——奥地利的多米尼克·蒂姆走出更衣室，准备比赛。纳达尔履行了自己的赛前惯例。他手执球拍穿过球场，走到板凳前，然后脱下暖身夹克，面朝人群，踮着脚有力地前后弹跳。他像往常那样把参赛证正面朝上，放在板凳上。

然后比赛开始了。

纳达尔立即领先，赢下第一盘。每次得分后，他都会在下一次发球前整理好头发和衬衫，好像在把它们放回原位。比赛间歇，他喝了运动饮料和水，然后把它们放回原位——在他椅子的左前方，一瓶挨着一瓶，与球场形成一条对角线。

两盘后，纳达尔击败了蒂姆，再次取得法网比赛的胜利。

尽管你可能认为与世界级的运动员同台竞技，确保自己不拉伤肌肉是职业网球中最重要的部分，但对于史上最伟大的网球手之一的纳达尔来说，并非如此。“在网球比赛中，我最难做到的，”他说，“就是让脑中的声音安静下来。”[37] 他在球场上让很多球迷觉得有趣但奇怪的习惯，为他提供了一个这么做的极其合理的方式。

纳达尔总是将参赛证正面朝上，小心翼翼地把水杯摆放整齐，让它们完美地在板凳前排成一列，并且确保发球之前发型刚刚好。他这是在进行补偿性控制[38]：通过在物理环境中创造秩序，为自己提供内在秩序。正如他所说的那样：“这是一种在比赛中安置自己的方式，我在为周围环境制定一种秩序，它与我在脑中寻找的秩序相符。”[39]

这种在环境中构建元素的倾向成为对抗喋喋不休的缓冲，超越了评估我们表现的背景。它延伸到我们所在的任何空间。因此，人类会将秩序灌输到外部环境中，并且通过各种各样的方式来扩展自身思维。有些与纳达尔的方法非常相似。这或许可以解释近藤麻理惠及其于 2014 年出版的畅销书《怦然心动的人生整理魔法》的全球影响力。[40]她的理念是，整理家时只保留那些能给我们带来快乐的物品，这是一种让环境井然有序，进而影响我们感受的策略。

但给周围环境赋予秩序是怎样影响我们思想的呢？要回答这个问题，很重要的一点是要理解控制知觉[41]在生活中发挥的关键作用——相信我们有能力以自己想要的方式影响世界。

控制自己的欲望是一种强烈的人类驱动力。相信自己有能力控制命运会影响我们是否会努力实现目标，为此能付出多少努力，以及遇到挑战时能坚持多久。[42]考虑到这一切，提升人们的控制感与改善身心健康[43]、提高在学校和工作中的表现[44]及获得更加令人满意的人际关系[45]等方面的益处有关，也就不足为奇了。相反，感觉失控经常会引起喋喋不休的飙升[46]，促使我们去重新获得控制感。[47]这就是要让物理环境与之相关的重要一点。

为了真正感觉一切都在掌控之中，你不仅要相信自己有能力运用意志影响结果，还要相信你周围的世界是个有秩序的地方，你在这里所做的任何行动都会产生预期的效果。看到世界的秩序令人欣慰，因为它让你更容易找到生活前进的方向，并且更易预测未来的生活。[48]

我们对外在世界中秩序的需求如此强烈，以至于一项研究发现，在回忆了一件激发喋喋不休的事件并聚焦于自身缺乏掌控力后，参与者实际上看到的是虚幻的画面。[49] 他们的大脑引导他们想象这些画面，而不是通过其他途径来模拟秩序。在另一项实验中，研究人员要求不能控制周围环境噪声水平的参与者选择一张带黑色边框的有睡莲图案的明信片或者一张类似的没有边框的明信片，前者表达的是结构的理念。平均而言，他们更喜欢有结构边框的那一种。[50] 这是秩序的另一种视觉简写。

然而，科学家们发现，就像纳达尔做的那样，我们可以通过扩展思维、组织周围环境来模拟世界中的秩序感，并且确保我们的物理环境符合特定、可控的结构。

通过在一个领域（即物理环境）创造秩序来减少另一领域（即我们的大脑）混乱的奇妙之处在于，它甚至与摆脱我们脑海中声音的特定问题没有任何关系。这就是为什么给环境强加秩序如此有用——这么做总是很容易的。将此付诸实践的价值令人印象深刻。比如，一个实验表明，仅仅阅读把世界描述为有序之地的内容就能减少焦虑。[51] 不出所料，研究表明，生活在贫民社区的人——比如芝加哥的罗伯特·泰勒公寓，也可能是苏珊娜·博特在伊拉克工作过的地区——更容易抑郁，部分是因为他们感知到了周围环境的混乱。[52]

在当代文化中，许多人将过度频繁地规范周围环境的尝试视为一种病态。想想那些有强迫症的人吧[53]，他们有把事情安排得井然有序的强烈动机。这项关于补偿控制的研究表明，这些人可能只是把为了获得控制感而在周围建立秩序的强烈愿望升至极端。即使缺乏约束，他们的行为也有逻辑可循。

强迫症之所以成为一种有害的心理障碍，是因为患者对环境秩序的过度需求干扰了他们正常的日常生活。同样，对秩序的需求也会让我们在更大的社交环境中失去控制。只要看看最近在网上泛滥的阴谋论就知道了[54]，其中混乱和动荡的事件都被归因于邪恶势力的神秘（和有序）的计划。在这种情况下，人们通过叙事机制获取秩序，但往往会损害他人（毕竟，阴谋通常是假的，并且建立在缺乏证据的基础上）。

关于我们对秩序的需求，以及大自然和敬畏感的有益之处的研究清楚地表明我们的物理环境与思想交织得多么紧密。它们是同一条挂毯的一部分。我们根植于物理空间中，这些空间的不同特征会激活我们内在的心理力量，影响我们的思考和感受。现在我们不仅知道了自己为什么会被周围环境的不同特征吸引，也知道了该如何主动做出选择，才能获益更多。

2007年，罗伯特·泰勒公寓的最后一处住宅被拆除。这里的所有居民早就搬走了，这个曾是城市衰败、种族隔离和社会混乱著名象征的地方，将会被开发成一个由混合收入家庭、零售和社区空间组成的新型综合体。这样一种积极有序的转变可能会让那些还记得这里曾经是犯罪和暴力之家的人心生敬畏。

虽然我们并不确定新建筑是否会以利于居民健康的方式将绿色空间融入设计，但最初的综合体留下的遗产仍然在芝加哥城市史和科学史中回荡。这个经久不衰的案例不仅说明了环境在塑造我们思想、感受和行为方面发挥了怎样的关键作用，也证明了从自身利益出发积极控制环境的重要性。

虽然环境有这么大的力量，但我们并不仅仅从它和填满它的事物中获得心理上的解脱。正如我们看到的有必要实施的控制一样，我们身处的环境之中还有一些特定的事情可以帮助我们驾驭脑海中的声音，但像纳达尔那样赋予其秩序只是个开端。我们使用的方法经常那么奇怪，效果又如此强烈，以至于它几乎像魔法一样神奇。

第七章

心理魔法

1762 年的一个早晨，3 岁的玛丽亚·特蕾西亚·冯·帕拉迪丝醒来时发现自己失明了。

作为神圣罗马帝国女皇顾问的女儿，玛丽亚·特蕾西亚成长于维也纳，尽管失明了，她却仍然过着相对幸福的生活。生来就是音乐神童的她擅长弹奏一种带矩形小键盘的古钢琴，以及管风琴。她的才华和残疾赢得了女皇的关心和慷慨，女皇向她保证她能得到抚恤金和最好的教育。十几岁时，玛丽亚·特蕾西亚已成为一名著名的音乐家，在维也纳和其他地方顶级的沙龙里演奏。莫扎特甚至为她写了一首协奏曲。然而，玛丽亚·特蕾西亚的父母始终没有放弃让女儿恢复视力。

玛丽亚·特蕾西亚长大后，医生们试验了各种方法来治疗她的眼睛，从水蛭疗法到电击，能试的都试过了，可全部无济于事。她的视力没有恢复。更糟糕的是，治疗给她留下了许多后遗症。18 岁之前，她深受呕吐、腹泻、头痛和晕厥之苦。

弗朗兹·安东·梅斯梅尔[1]是一位在维也纳接受过培训的神

秘医生，他与城内的精英阶层关系密切。他声称自己开创了一种医学干预手段，通过改变一种仅利用磁场原理就在宇宙中运行的令人难以察觉的力量流，治愈一系列身体和情感上的疾病。梅斯梅尔通过磁铁和双手引导这种看不见的能量，治愈患者。他把该项技术称为“动物磁性”。后来它被命名为“催眠术”。

1777年，18岁的玛丽亚·特蕾西亚开始接受梅斯梅尔的治疗。在接下来的几个月里，他用磁铁触摸她的眼部和身体，告诉她关于动物磁性的知识，以及它将如何治愈她。她和父母一样都是信神者，后来她的视力果然奇迹般地恢复了。这并非一日之功，而是经过了断断续续的努力。

起初，她只能看到模糊的图像。之后，她开始能够区分黑色和白色的物体。最终，她的色彩感恢复了。她虽然对深度和比例的认知还很差，但逐渐开始能够辨认人脸了。然而，经过这么多年，恢复视力非但没有使她满心欢喜，反而吓到了她，尤其是看到人的鼻子。视觉世界对她来说已经变得陌生了。但经历这样的变化仍然令人难以置信：她终于可以重见光明了。

尽管重见光明的日子很短暂。

玛丽亚·特蕾西亚的父母与梅斯梅尔发生了剧烈的争吵，最终使治疗结束了。据传闻，父母担心女儿如果完全恢复视力，就会失去女皇赐予的抚恤金。另一种说法是人们发现梅斯梅尔和玛丽亚·特蕾西亚有不正当关系。无论如何，他们在一起的日子结束了，身处流言蜚语之中的梅斯梅尔离开了维也纳。随着动物磁性的医学大师从生活中消失，玛丽亚·特蕾西亚的视力又一次失去了。

然而，梅斯梅尔的故事并没有就此结束。

离开维也纳并搬到巴黎后，他开了一家诊所，再次周旋于上流社会。他甚至治疗过路易十六的妻子玛丽·安托瓦内特和国王的一个兄弟。在接下来的几年里，人们对梅斯梅尔服务的需求与日俱增。为了提高收益，他设计了一种增加同时治疗病人数量的方法：他让许多人肩并肩或坐或立地围着一个装满了水且被他用磁化过的小铁丝捆着的木桶。在安静的背景音乐里，病人们将桶里伸出的金属棒放在困扰自己的身体部位上，梅斯梅尔则在周围走动，调整金属棒和病人间的磁能流动。

梅斯梅尔的治疗效果因人而异，在某些情况下效果显著。有些人受影响的身体部位会感受到轻微的疼痛，有些人则抽搐得好像癫痫发作一样。其他人只是觉得被治愈了。但并非人人都有改善，有些人感到什么都没发生。

最终，在 1784 年，路易十六听够了催眠术疗法。他下令成立一个由科学家们组成的皇家委员会，来调查梅斯梅尔的技术。领导委员会的不是别人，正是本杰明·富兰克林。当时，他正以外交官的身份居住在巴黎。从一开始，委员会就对梅斯梅尔的说法表示怀疑。他们并不质疑有人因催眠术而获益，但不相信这一切归因于一种看不见的磁力。

委员会的调查没有改变他们的看法。比如，在一项实验中，一位热切信奉催眠术的女士坐在一扇紧闭的门旁。在门的另一边，一位受过催眠训练的医生正在积极地运用磁能。当女士不知道医生在门的另一边时，她并没有表现出被催眠的迹象。可就在该名医生宣布他的存在时，女士开始疯狂地抽搐挣扎，以表明治疗的成功。随后还出现了很多类似的证明。

调查结束后，富兰克林及其委员会发表了一篇对梅斯梅尔方法的毁灭性批评文章。文章写道，他们观察到的唯一治愈力量是存在于人类大脑中的：人们只是期望有某种特定的感觉，就能产生积极的结果，而非“动物磁性”。尽管梅斯梅尔确实在宣扬一种不存在的力量，200 多年后的现在，我们知道，他为世界提供了让人们一窥对抗喋喋不休思维杂念的独特工具的宝贵机会。直到最近，科学研究才迎头赶上：我们信仰的魔力，以及它对我们身心的深远影响。

梅斯梅尔并没有发现动物磁性。他只是给病人“服用了”安慰剂。

从解忧娃娃到喷鼻剂

如果你问大多数人安慰剂是什么，他们可能会告诉你，它基本上什么都不是。

安慰剂通常被理解为一种在药学研究中被用来测量某种实际药物有效性的物质，在许多情况下，它是一粒糖药丸。但实际上，安慰剂可以是任何东西——不仅是药丸，还可以是人、环境，甚至是护身符。安慰剂之所以如此吸引人，是因为它们可以让我们感觉更好，即使当中没有任何有效的医学成分。

我们在研究中会用安慰剂来验证一款新药或者某种疗法在除暗示的简单力量外，是否还具有明显的药效。这样做承认了大脑具有真正的治疗潜力，但是安慰剂并不被普遍认可为一种实质性的东西。长期以来，人们理解它是一种为更大目的服务的工具，其本身不可被单独使用。

这完全没有抓住重点。

富兰克林当然没有错过要领。[2]他明白梅斯梅尔给病人带来了切实的好处，即便动物磁性没有产生效果。然而，梅斯梅尔本人耸人听闻的故事吞没了他超越时空的洞察力：对心理在治愈中发挥作用的钻研。这种情况一直持续到20世纪中期[3]，科学家们开始质疑安慰剂仅仅是研究的陪衬，它本质上什么都不是。现在我们知道安慰剂是非常重要的东西，是对信仰和疗愈在心理上相互交织本质的显著证明，以及抑制喋喋不休的隐蔽后门。

安慰剂是赋予物体或者符号“魔力”的古人类传统文化的

一部分。[4] 所罗门王的神秘封印由两个交错的三角形组成[5]，人们认为它除了有其他方面的功能，还能抵御恶魔。同样，万字符在成为纳粹的同义词之前早就被认作好运的象征。[6]时至今日，在危地马拉，当孩子们感到害怕时，他们会得到一套穿着传统玛雅服饰的小雕像——“解忧娃娃”[7]，其主要功效就是消除孩子们的忧虑。

很多人还开发出自己特有的幸运符。比如，模特海蒂·克鲁姆[8] 在坐飞机时会拿出一个装着自己乳牙的小袋子，一遇到气流就牢牢地抓住它。（我知道这个行为挺奇怪的，但这对她很有帮助。）迈克尔·乔丹[9] 每次比赛时都会在他芝加哥公牛队的队服里穿上有自己大学标志的短裤。近来，水晶治疗已经成为一门大生意[10]——事实上，这是一笔价值数十亿美元的生意。从广义上讲，安慰剂是很常见的。如果我们因为认为那些珍视迷人物品的人是误入歧途而对其嗤之以鼻，那就错了。从科学上讲，这是相当合理的行为。[11]

接二连三的研究表明[12]，仅仅相信安慰剂——一种迷人的物品——可以治愈人类（像值得信赖的医生能做到的那样）或者改善特殊的环境，的确能让我们感觉更好。比如，减少肠易激综合征患者的胃痉挛发作频率[13]，减少偏头痛患者头痛发作的频率[14]，缓解哮喘病人的呼吸道症状。[15] 尽管安慰剂提供的缓解效果因疾病和病人的不同而有显著差异[16]——就像梅斯梅尔的病人，有些人对安慰剂天生比其他人更敏感——但在某些情况下，它的确效果惊人。

安慰剂甚至对治疗帕金森病也有效。在一项实验中，科学家们将一种颇有前景的新型化学药剂注射到帕金森病晚期患者的大脑中。[17] 他们希望这样做可以刺激其多巴胺的产生，因为多巴胺水平低下是导致该疾病产生的根本原因。手术完成后，科学家们在接下来的两年里继续监测病人的症状。乍一看，研究结果令人鼓舞。接受注射的参与者症状明显减轻。但有一个问题。没有接受注射的“虚假手术”组参与者的大脑中也被灌输了安慰剂，在此背景下，他们的症状居然也缓解了。他们认为自己接受了特殊治疗，于是其大脑和身体都做出了好像接受了特殊治疗那样的反应。这项研究和其他许多研究传递的信息是明确的：我们的大脑有时和现代医学一样强大。

但喋喋不休呢？毕竟，梅斯梅尔还治愈了有“癔病”的患者，这种病曾被用来形容那些难以控制自己激动情绪的人。动物磁性的安慰剂也帮助了他们。那么，安慰剂能帮助人们改善脑海中的声音吗？这是2006年的某一天，我和神经科学家托尔·韦格喝咖啡时开始讨论的问题，彼时我还是个研究生，他是哥伦比亚大学新晋的助理教授。

“如果我们让人们吸入一种生理盐水制的喷鼻剂会怎样？”托尔说，“我们告诉他们这是止痛药。我敢打赌那会让他们感觉好点儿。同时，我们也能观察一下他们的大脑。”

我不会说我认为托尔疯了，但起初我确实是这么怀疑的。尽管如此，我们仍然很快进行了实验。

研究的结果是，我们把纽约市的心碎之人带进实验室，研究他们的大脑。你能回想起我们通过观察参与者在看到把自己甩掉之人照片时的大脑活动，发现了情感和身体疼痛间有趣的重叠片段吗？那只是实验的第一部分。

在参与者完成这一阶段的实验后[18]，一名身穿白色实验大褂的实验者把他们从脑部扫描仪中拉出，护送他们至走廊尽头的一个房间。实验者关上门，然后给其中一半人喷鼻剂，告诉他们里面含有无害的生理盐水，可以提高我们在研究的下一阶段中希望收集的核磁共振大脑图像的清晰度。之后，参与者用每个鼻孔吸入两次喷雾，然后返回扫描仪进行第二轮大脑成像扫描。另一组体验了完全一样的步骤，里面只有一个关键区别：实验者告诉他们，喷鼻剂中含有一种能够暂时减轻痛苦的阿片类止痛药。盐雾就是我们的安慰剂。

两组人都吸入了同样的生理盐水，但一半的人相信他们摄入了一种可以缓解疼痛的物质。现在我们来测试一下效果。

那些认为自己服用了止痛药的参与者报告说，当他们回忆被抛弃的经历时，痛苦大大地减轻了。更重要的是，他们的大脑数据表明了类似的情况。与知道自己吸入了生理盐水的人相比，他们大脑社交疼痛回路的活动明显减少了。我们发现安慰剂可以直接帮助人们应对喋喋不休。[19]不含任何化学意义的喷雾剂居然可以像止痛剂一样治疗脑海中的声音，这既奇怪又令人兴奋：我们的大脑可以在引发情感痛苦的同时，偷偷地减少那种痛苦。

我们的研究结果为其他工作做了补充，记录了安慰剂在控制一系列以喋喋不休为突出特征的病症，如抑郁和焦虑的临床表现中的益处。[20]在很多情况下，益处并不会转瞬即逝。例如，一个针对 8 项研究的大型分析发现，使用安慰剂减轻抑郁症状带来的益处可以持续数月。[21]

安慰剂广泛的效用引发了一个问题：为什么它能有如此奇迹般的作用？事实证明，答案一点儿也不神奇。它与大脑在我们生活中每秒都会产生的一种必需品——期望有关。

伟大的期望

2012 年 8 月 3 日，喜剧演员泰格·诺塔洛[22]在洛杉矶的拉尔戈（Largo）俱乐部登台演出，表演了一个即刻成为传奇的节目。4 天前，她得知自己的双乳罹患乳腺癌，但这只是最近一连串不幸事件的高潮。她得了严重的肺炎，经历了一场可怕的分手，母亲不幸摔倒身亡。这一切一点儿都不好笑，但她还是拿起麦克风开始讲话。

“晚上好。”诺塔洛说，“大家好。我得了癌症。”

观众满怀期待地笑了，期盼她接下来的妙语连珠。

“嗨，你们好吗？大家玩得开心吗？”她接着说，“我得了癌症。”

有些人笑了。另一些人倒吸了一口气。笑点在于这不是一个笑话。

如果喜剧的一部分是把大家带入非舒适区，诺塔洛刚刚做到了。这确定让人很不舒服。但作为一名天才，诺塔洛游走在笑与哭的钢丝绳上，并且收获了许多笑声。例如，她即兴谈到自己现在的网恋生活将会发生的变化，并为它注入了新的紧迫性。“我患了癌症，”她说道，“非诚勿扰。”

她的表演继续以这种令人吃惊的、充满悲剧色彩的、勇敢且滑稽的风格持续了29分钟，最终这场表演使诺塔洛的名气和成功度跃升到了一个新高度（谢天谢地，她战胜了癌症）。我认为它之所以能说明问题，是因为它强调了期望在管理我们如何发挥作用方面所起的重要作用。

诺塔洛知道，即使是在谈论人们能想到的最沮丧、最容易激发喋喋不休的话题时，她也能让人们开怀大笑。她所要做的一切就是用正确的顺序、正确的语调和正确的停顿说出正确的话。她知道该怎么做到这点是因为她将自己的期望——对她能做什么，以及结果将会是什么的期望——打磨得如此之好。我们如果把这个想法延伸开来，就会开始意识到我们在生命中的每时每刻都会依赖期望。

你在行走。你在移动。你在说话。现在想一下你是怎么完成这些动作的。你走路的时候，是怎样决定把脚放在哪里的？你会跑去哪里接球？面对一大群人讲话的时候，你是如何运气发声的？我们之所以能做到这些，是因为我们不断地、有意识且无意识地对期待接下来发生的事情做出预测，我们的大脑也做好了回应的相应准备。

大脑是一台预测机器[23]，不断地试图帮助我们浏览世界。我们越能把之前的经验运用到眼下需要做的事情上，就越会把事情做好。这不仅仅和我们的行为有关，也适用于我们身体的内部体验[24]，这就是安慰剂发挥作用的地方。它是运用期望的力量来影响我们身心健康的工具。

当医生告诉你，你会感觉更好时，他就给你提供了可以预测随着时间的流逝病情会如何发展的信息，特别是在他有出色的医学学位，身着白大褂，能和权威人士谈笑风生的情况下。那可不是个玩笑。研究表明，你认为无关紧要的那些特征——医生是否穿了白大褂，他的名牌前是否有头衔的首字母缩写，甚至你服用的是有“品牌标签”的还是通用类的药物——都会在潜意识里强化你的信念。[25]

一生之中，我们会对特定的事物和人是如何影响我们健康的自然而然地产生信念。就像巴甫洛夫流口水的狗一样，我们看到药丸，就条件反射式地期望吃了它会让我们感觉更好，即使我们通常甚至不知道它是什么，也不知道它是如何起作用的。

满足这种期望的途径，进一步说是安慰剂，是前意识的产物。它不是仔细思考的产物，而是一种自动的反射性的反应。毫不意外，研究表明啮齿类动物和其他动物可通过同样的自动通道对安慰剂做出反应。[26] 这种反应是适应性的。它为我们如何快速有效地在各种情况下做出反应提供了很好的猜测。然而，我们也在大脑中进化出了另一种引导反应的路径：有意识的思维。

当我头痛的时候，我就会去吃一片止痛药，并且提醒自己，吞下药片会让我感觉好一些。这个简单的意识为我的大脑提供了一些无价的东西：它帮我消除了所有关于头痛是否会消失的疑虑。“如果无济于事该怎么办呢？”我对自己说。“头太疼了。我能做什么？”服药给了我希望：我的不适将会减少，这样做可以转移我的内心对话。事实上，研究表明，这些有意识的评价利用了大脑中同样的默认系统，我们脑海中的声音就是在此安家的。

简单地说，正在发生的事情就是我有一个信念，这个信念塑造了我的期望，反过来让我感觉更好。别人告诉我们的事情，我们在事后也会告诉自己，我们也有从经验中提取想法的经历，这个过程在大脑中创建了期望的基础。我们拥有什么样的特定信念取决于我们认识的人和发生在我们身上的事。但是大脑中到底发生了什么能让这种安慰剂发挥“魔力”呢?

因为我们的信念与如此多不同种类的情绪、生理反应和体验相关，所以并不存在产生安慰剂效应的单一神经通路。例如，相信自己会感到较少的疼痛与大脑和脊髓中疼痛回路的较低激活程度有关[27]，而认为自己喝到的是昂贵的葡萄酒则会增加激活大脑的愉悦回路。[28]相信你喝的是高脂肪（而不是健康）的奶昔，甚至会导致饥饿激素水平的降低。[29]实际上，一旦你相信了某件事，你的神经机制就会通过增加或者减少与你形成信念的过程相关的大脑或身体中其他部位的激活水平来让此事变为现实。

显然，安慰剂的效果有限。你不能完全相信自己可以摆脱任何疾病。许多医疗干预措施的确比安慰剂提供了更多的价值，并且我们现在知道，安慰剂对心理结果（如喋喋不休）的效用往往比对生理结果的更强。[30]然而，尽管有这些警告，安慰剂的力量还是深远且不可否认的。事实上，越来越多的证据表明安慰剂可以起到增强剂的作用[31]，以加强某些特定药物和治疗的益处。

然而，问题是，我们很难触碰安慰剂的后门。要想让它起作用，我们就必须进行自我欺骗，相信自己正在摄入一种物质或者正在做出一种具有真正的治疗效果的行为。参与研究的人通常被告知有可能使用安慰剂，除此之外，这样的谎言是不道德的。于是我们陷入了困境：我们不能在服用的药物上欺骗自己，这就意味着在有安慰剂的情况下，我们还是利用不了它。

或者，我们可以？

如果从根本上来说安慰剂是关于改变信念的，那么假如我们可以找到不撒谎就能改变人们期望的其他方法呢？来源可信的信息是一种强有力的说服手段。[32] 如果我想让你相信你持怀疑态度的一些东西，事实和科学通常会有帮助。2010 年，哈佛大学的托德·凯普查克及其团队 [33] 利用这一观点发表了一项研究，打破了科学界对安慰剂的看法。

他们选定了一种对安慰剂有良好反应的常见疾病：肠易激综合征。凯普查克及其同事把患有肠易激综合征的参与者带到他们做研究的医疗中心后，向这些人解释了什么是安慰剂，它们是如何起作用的，以及为什么会起作用。从理论上说，仅仅了解安慰剂就应该能够改变参与者的期望，这反过来会促使其肠易激综合征症状的消退。事实就是如此。

在为期 21 天的实验中，与接受过安慰剂教育却没有获得任何药品的人相比，了解了安慰剂效应背后的科学原理且被告知服用了安慰剂的人表现出的肠易激综合征症状更少，病情也得到了更大的缓解。了解安慰剂是如何改善肠易激综合征的，确实能起到该种作用。

由于对非欺骗性安慰剂奇怪的新可能性感兴趣，我的实验室也做了实验，来检验能否将凯普查克的发现由肠胃问题推广至精神问题。[34]我们采用了类似的方法，将参与者分成两组，告知其中一组安慰剂的科学性。实际上，我们告诉他们："如果你认为一种物质对你有帮助，那它一定会有帮助。"然后我们给了他们安慰剂——又是一种喷鼻剂——并且再次告诉他们，如果他们认为这会让他们感觉更好，那么它就会做到。

接下来，我们通过给他们看令人反感的图片，比如极度血腥的场面，来激起他们的负面情绪（参与者已提前同意观看这些画面）。果然，安慰剂组的人体验到的痛苦更少。他们在观看令人痛苦的画面的两秒内，大脑表现出更少的情感活动。

一些实验室已将此方面的研究扩展到其他的情况下。比如，非欺骗性安慰剂已被证明可以减轻过敏、背痛、注意缺陷与多动障碍、抑郁的症状。[35]我们仍然需要做更多的工作，来了解非欺骗性安慰剂的效应能有多么强大持久，但目前这些发现已为人们怎样应对身心痛苦开辟一组新的可能性，也证明了信念是怎样强有力地影响我们脑海中的声音和健康的。它们还揭示了其他重要的东西——文化在传承对抗喋喋不休的实践中扮演的角色。

我们的许多信念都是由自身所处的文化传递的，比如我们对医生、幸运符及周围环境中其他各种各样的迷信带来的影响的期望。从这个意义上说，家庭、社区、宗教和塑造我们的其他形式的文化也为我们提供了应对喋喋不休的工具。然而，信仰并不是文化传递给我们的唯一的“魔法”工具，还有另一种方式：礼仪。

和鲨鱼一起捕鱼的魔法

对布罗尼斯拉夫·马林诺夫斯基[36]来说，第一次世界大战的结局是相当不错的。

这位出生于波兰、时年30岁的伦敦政治经济学院人类学专业的学生于1914年前往新几内亚，对当地原住民部落的风俗进行田野调查。然而，在他抵达后不久，第一次世界大战就爆发了。这使马林诺夫斯基在政治上处于一种尴尬的境地，因为他实际上身处敌后。身为奥匈帝国的公民，他的祖国当时正在与英国交战。与此同时，作为澳大利亚属地的新几内亚，自然也是英国的盟军。因此，马林诺夫斯基不能回英国或者回波兰的家，但当局决定让他继续工作。于是他置身于战争之外，在遥远的南半球开始了对文化和人类大脑的探索。

马林诺夫斯基最重要的工作源于他在特罗布里恩群岛两年

的生活，这是靠近新几内亚的群岛，他与当地部落的人共同生活，亲身体验他们的文化。他戴着眼镜，穿着高筒靴和白衣服，灰白的头发已开始谢顶，这令他在那些皮肤黝黑、光着膀子嚼槟榔[37]的岛民中显得格外突出。槟榔是一种像咖啡一样的兴奋剂，让岛民的牙齿看起来红红的。然而，马林诺夫斯基成功地获得了岛民们的认可，并对当地人的传统有了深刻的理解，包括他们捕鱼习俗里的“魔法”。

当岛民到安全的浅暖水湖里钓鱼时，他们只需拿起鱼叉和渔网，跳上独木舟，沿着岛上的水道滑行，直到找到自己喜欢的钓鱼点。但在鲨鱼经常出没的不固定的环岛水域捕鱼时，特罗布里恩群岛岛民的行为就不同了。出发前，他们会向祖先供食，在独木舟上抹草药，并且念诵咒语。远海航行时，他们还会吟诵更多的魔咒。

“哦，鲨鱼，我要把你踢倒。”他们用基里维纳语吟诵道，“鲨鱼，潜进水里。去死吧，鲨鱼，消失吧。”[38]

当然，特罗布里恩群岛岛民并不是真的在施魔法。他们在进行危险的钓鱼之旅前做的精心编排的准备工作超越了部落的独特性。他们做的这些在情感层面上完全实用的事情涉及人类的心理活动。[39]

他们在举行仪式，那是另一种缓解喋喋不休的工具。

当人们悲痛万分时，宗教机构会举办悼念仪式，如沐浴仪式、安葬死者，并且举办葬礼或者追悼会。美国西点军校的学员在考试前感到有压力时，人们会告诉学员们穿上制服，穿过校园，到内战时期的将军约翰·塞奇威克铜像的背后旋转马刺，有助于提高考试成绩。[40]我们看到，越来越多的仪式也开始进入商业世界。[41] 2014年，美国西南航空公司在飞机两侧重新设计了带有心形的品牌标识，飞行员们一登机就会触摸它，这种在整个公司传播开来的行为，大概是他们每天在面对不可逃避的飞行风险时的一种安慰的源泉吧。

这些都是文化传播仪式的例子，但你也能想出一些由自己或者其他人创造的特殊仪式。入选名人堂的三垒手韦德·博格斯[42]精准地防守了150个滚地球，晚上7：17（先于7：35的比赛开始时间）练习折返跑，每场比赛前必吃鸡肉。再举一个例子，33年来，史蒂夫·乔布斯[43]每天早上都会对着镜子问自己，如果今天就是生命中的最后一天，他是否对即将要做的事情感到开心。这种特殊的仪式绝不仅限于名人。在一项研究中，哈佛大学组织心理学家迈克尔·诺顿和弗朗西斯卡·吉诺[44]发现，人们在经历重大损失，如爱人去世或者结束一段浪漫关系后举行的大多数仪式都是独一无二的。

不管我们参与的是个人的还是集体的仪式，研究表明，许多人经历喋喋不休时，会很自然地求助于这种看似神奇的行为模式，它能让脑海中的声音得到解脱。[45]

2006年黎以冲突期间在以色列进行的一项研究发现，生活在战区的女性进行仪式性的背诵赞美诗时，其焦虑会减少，没这样做的女性则不然。[46] 对天主教教徒来说，吟诵《玫瑰经》也是一种类似的减轻焦虑的方式。[47] 仪式还可以帮助我们达成目标。一项实验发现，与竭力“注意”饮食的女性相比，饭前进行某种仪式能帮助那些努力吃得更加健康的女性摄入更少的卡路里。[48]

仪式也会对你在高压下的表现产生积极影响，比如数学考试和唱卡拉OK（这件事有趣得多，但更容易引起喋喋不休）。一个经典的实验让参与者当着另一个人的面唱Journey乐队的经典歌曲《一定要相信》[49]。那些事先举行了仪式的人比没举行仪式的人的焦虑感更少、心率更低，唱得也更好。我们能从中获得的经验就是：开始相信仪式吧。

很重要的一点是，我们得指出仪式不仅仅是习惯或者例行公事。[50] 几个特点使它们区别于我们生活中那些更为平淡的习惯。

仪式的第一个特点是，它们往往由一组通常按照相同顺序执行的一系列死板的行为组成。不同于习惯或者例行公事，在这种情况下，构成这些行为步骤的顺序可以更宽松或者经常被改变。以我的日常生活习惯为例。每天早上醒来，我会做三件事：服用一粒甲状腺药丸（我的腺体有点儿不活跃）、刷牙、喝一杯茶。虽然医生希望我先服药（空腹时的药物代谢更好），但这种情况并不经常发生——有些日子里，喝茶是第一位的。至于其他时候，我一醒来就刷牙。这没什么问题。如果没按特定顺序来做，我也不觉得有必要重复做，并且我知道无论它们的顺序是好是坏，都不会对我产生重大的影响。

现在让我们对比一下我每天早上所做的和参加过奥运会的澳大利亚游泳运动员斯蒂芬妮·赖斯[51]每场比赛前的表现。她会摆动8次手臂，按压4次泳镜，摸4次帽子，并且总是这么做。这种行为的产生是赖斯个人特有的发明——和其他许多个性化的仪式一样。事实上，组成仪式的具体步骤通常与它们旨在实现的更广泛的目标之间没有明显的联系。比如，目前我们尚不清楚赖斯按压4次泳镜和触摸4次泳帽是怎样帮助她游得更快的，但这对她来说是有意义的，并且指向了仪式的第二个特点。

仪式充斥着意义。人们赋予仪式意义是因为其具有重要的潜在目的，无论是在墓碑上放一块小石头来纪念逝者，还是跳求雨舞以滋养庄稼，或者领圣餐。仪式能帮助我们超越担忧，把我们与比自身更伟大的力量连接起来，因而在某种程度上具有更大的意义。同时，仪式有助于拓宽视野，增强我们与他人和力量的联系感。

仪式之所以能如此有效地帮助我们管理脑海中的声音，是因为它是减少喋喋不休的鸡尾酒，并且会通过多种途径来影响我们，这是仪式的第三个特点。举例来说，它把我们的注意力从困扰人心的事情上转移开；它分配工作记忆去完成仪式，几乎不给焦虑和内在声音的负面表现留空间。这或许可以解释为什么在体育运动中，赛前仪式比比皆是，它们能帮人们在最焦虑的时刻分散注意力。

许多仪式也给我们提供了一种秩序感，这是仪式的第四个特点，因为我们的行为是可控的。例如，我们无法控制孩子一生中会发生什么事，只能在有限的程度上保护他们，这是许多父母喋喋不休的来源之一。但在孩子出生时，给他们施行洗礼，或者举行其他各种各样的出生仪式，会使我们产生一种孩子的未来是可控的幻觉。

因为仪式充满意义，并且通常与超越了我们个人担忧的目的或力量有关，它们也让我们感到与重要的价值和社区相连，这满足了我们的情感需求，并且提供了一种对抗孤独的手段。仪式的这一象征性特征（也是第五个特点）常使我们心怀敬畏，视野开阔，使我们对担忧之事的专注度降到最低。当然，仪式也经常会激活安慰剂机制：如果我们相信它会帮助我们，那么它就会帮助我们。

仪式最有趣的一个方面是，我们经常在不知情的情况下参与其中。例如，在捷克共和国进行的一项实验发现，诱导大学生体验高度焦虑会导致他们之后做出更加具有仪式化的清洁行为。[52] 类似的发现在儿童中也很明显。在一项实验中，遭到同龄人排斥的 6 岁儿童比研究中其他没受排斥的儿童更容易做出重复的、类似仪式性的行为。[53]

我自己就有过类似仪式主义的切身体会。在我写这本书，对着电脑屏幕文思枯竭的时候，我的内心充满了对自己是否能够完成工作的怀疑，于是我发现自己会去厨房洗碗，擦拭柜台，然后整理散落在家庭办公桌上的文件（这是我妻子发现的我的一组新的奇怪行为，虽然并不令人反感，但我一贯喜欢把东西弄得一团糟，而不是整理它们）。只有当我开始研究这一章时，我才意识到这是我在处理写作带来的绝望和迎接迫在眉睫的截止日时所做的仪式。

这种仪式的有机出现似乎是大脑监控我们是否达到预定目标 [54]——对我们来说，就是避免脑海中的声音变得痛苦、负面的目标——的非凡能力的产物。根据许多有影响力的理论，人类大脑就像一台自动调温器，当你的当前状态和期望达到的目标之间出现差异时，它就会被检测出来。当差异被记录时，大脑就会向我们发出采取降温行动的信号。人们可以通过举行仪式来做到这一点。

我应该强调的是，经历喋喋不休的时候，我们不必等着下意识地去举行仪式，而是可以刻意地参与其中，就像每当我在工作中受挫时所做的那样（我的厨房和家庭办公室从没这么干净过）。这么做可以有多种方法。其中一种方法是在诱发压力的事件发生前后创立自己的仪式，它可以帮助我们应对喋喋不休。实验表明，引导人们从事完全随意但结构僵化的行为是有好处的。比如，在卡拉 OK 的研究中[55]，参与者必须唱 Journey 乐队的《一定要相信》，实验者要求他们在一张纸上画出自己的感受，往上面撒盐，大声地数到 5，然后把纸揉成一团扔进垃圾桶。这种对仪式仅有的一次性依赖提高了他们的表现水平。

然而，我们看到的人们在实验室环境中进行的仪式，其实被剥夺了文化意义，我们知道这有额外的好处，因为它提供了敬畏感、社会联系感和超越感。出于该种考虑，在面对喋喋不休时，另一种利用仪式的既成途径是依靠那些通过文化来传播的东西——我们的家庭、工作场所，以及所属的更广阔的社会机构。你可能会利用宗教信仰去参加服务类活动，或者甚至去参加古怪但有意义的家庭仪式。举例来说，我每周日早上从健身房锻炼回来后都会给孩子们做华夫饼。仪式从何而来或者如何形成并不重要，它们只是能为我们提供帮助。

心理魔法

安慰剂和仪式的力量并不存在于超自然的力量中（尽管有些人认为是这样的，但那丝毫没有减少这些做法的好处）。相反，它们的益处在于能够激活我们体内所携带的对抗喋喋不休的工具。

尽管有如此多的人发明了自己个性化的仪式和安慰剂，鉴于其效力，看到我们所处的文化为大家提供了各种各样的技术还是很有趣的。文化经常被比作我们呼吸的无形空气，我们“吸入”的很多东西是塑造我们思想和行为的信仰和实践方式。你甚至可以把文化想象成一种为人们提供对抗喋喋不休工具的系统。然而，我们对这些工具的科学理解在不断进步，这又提出了一个问题：我们该如何传播这些新发现的知识，并将其整合到我们的文化中？

我从未真正思考过这个问题，直到一个学生在课堂上举手提问，我才被迫去面对它。

她问我的问题改变了一切。

结论

驾驭

与自己的对话

“为什么我们现在才知道这个呢？”

这句话是我教授的研讨课结束那天，由一位名叫阿丽尔的学生恼怒地询问的。在过去的 3 个月里，每周二下午，我都和 28 位密歇根大学的本科生在心理学系的地下室里讨论，在关于人类控制情绪的能力，包括脑海中的声音引起的喋喋不休一事上，科学到底教给了我们什么。学生们的期末作业是带着问题来上课。这是他们在课程结束前提出任何萦绕脑际疑问的机会，绝大多数人即将毕业，并且迈入人生的新阶段。我每学期教这门课时，它都是我最期待的一节课。讨论总会激发有趣的想法，其中一些想法甚至会引发新的研究。当我在那个阳光明媚的下午走进教室时，我并不知道，这堂特殊的最后一课将为我的科学家工作增添一个新维度。

课一开始，阿丽尔就举起了手，催促我首先叫她。我照办了，但不明白她在问什么。“你能说得更具体些吗？”我问。

“我们花了整个学期学习如何让自己感觉更好、更成功，”

她说，“但我们大多数人今年就要毕业了。为什么没人在我们本可以从中受益的时候，早点儿告诉我们这些事呢？”

你在教同一门课好几个学期后，就知道通常会出现什么样的问题了。但这一次的问题是新的。我觉得自己好像迎面撞上了一堵我本不知道会在那里的墙。

我把阿丽尔的问题转给了其他同学（是的，这是教学的经典技巧）。学生们开始举手，各抒己见。但我几乎没听，因为我沉浸在自己的思绪中，专注于她所说的话。

事实是，我不知道答案。

最后，课终了，我和学生们说了再见，他们将各奔前程。但阿丽尔的提问却像碎片一样留在了我的脑海里。

在我的职业生涯中，也是在那个学期里，我遇到过很多人因为被脑海中的声音弄得感觉糟糕而拼命想要逃避它。这是可以理解的。众所周知，喋喋不休会污染我们的思想，让我们充满痛苦，而且随着时间的推移，它们会破坏我们所珍视的一切——健康、希望和人际关系。如果你认为自己内在的声音是一种内心的折磨，那么你自然会幻想把它永久静音。但事实上，如果你的目标是过上功能性强的生活，更不用说美好的生活，那你就永远不想失去脑海中的声音。

虽然当今的许多文化都倡导活在当下，但我们的物种却没有进化到始终以该种方式来运作。[1] 事实恰恰相反。我们开发出一种在脑海中声音的推动下，让内心世界与思想、记忆和想象共同脉动的能力。多亏了忙碌的内心对话，我们才能在大脑中储存信息，反思决定，控制情绪，模拟不同的未来，回忆过去，跟踪目标，并且不断更新、巩固我们是谁的个人叙述。对完全逃离思想而产生的无能为力感是创造的主要驱动力，包括我们建造的东西、讲述的故事，以及设想的梦想中的未来。

然而，只有当脑海中的声音能鼓舞情绪时，我们才去重视它，这种做法是错误的。即使与自己的对话转向负面，就其本身而言也不是一件坏事。经历恐惧、焦虑、愤怒和其他形式的痛苦虽然会给人们带来伤害，但在负面情绪处于小剂量的情况下，这种经受痛苦的能力还是相当有用的。[2]它能促使我们对环境的变化做出有效的反应。也就是说，很多时候脑海中的声音之所以有价值，不是因为它给我们带来了痛苦，而是因为它的存在。

人类经历痛苦是有原因的。它能警示危险，提示我们采取行动。这个过程为我们提供了巨大的生存优势。事实上，每年都有一小部分人生来就因为基因突变而无法感受到疼痛。[3]因此，他们通常会英年早逝。例如，由于没有经历过感染带来的不适、沸水灼伤或者骨折造成的极度痛苦，他们就既不知道自己需要帮助，也不知道自己极度脆弱。

这种现象反映出脑海中的声音刺耳的一面是不可或缺的，

它让我们的思想被负面情绪笼罩，但如果没有这种批判性的自我反思能力，我们就很难学习、改变和提高。当我在晚宴派对上讲了一个糟糕的笑话，感到很不舒服时，我很感激自己之后可以在脑子里回放我犯的错，希望下次不会让自己和妻子感到尴尬。

尽管脑海中的声音有些时候会让人心烦，但你并不想过一种没有它的生活。那就像一只无舵的小船在海上乘风破浪一样。

神经解剖学家吉尔·伯特·泰勒患上了一种使人衰弱的中风，当她的语言流连同喋喋不休一起缓慢停止时，她感到莫名其妙地兴奋，但同时也感到空虚和疏离。我们需要内心对话带来的周期性痛苦。对我们来说，挑战并不意味着完全避免消极的状态，而是别让它们消耗你。

这让我想起了我的学生阿丽尔。

她问问题的时候，意思是：为什么她没在早些年就学会怎样减少喋喋不休的发作呢？当然，就像我们所有人一样，她拥有许多可以用来控制脑海中声音的工具。但直到上了我的课以后，她才获得了该如何应对它的明确指导。阿丽尔的问题还让我想知道，我们是否在这种知识的传播上做了足够多的努力。

那堂课后的几周，我当时4岁的大女儿哭着从学校回到了家里。她告诉我，班上的一位男生拿走了她的玩具，这让她感觉很糟糕。在她讲述发生的事情，我试图安慰她的时候，阿丽尔的问题突然闪回我的脑海。现在，作为一个公认的控制情绪的专家，我的女儿却在与之挣扎。当然，她只有4岁，控制情绪能力的神经回路尚在发育。尽管如此，这个想法还是困扰着我。

我想知道她和朋友们在学校里都学了些什么，以及他们能否开发出阿丽尔觉得直到上了我的课之后才知道的工具。18年以后，女儿会问她的大学教授同样的问题吗？更有可能的是，女儿会来问我，这将让我感觉更糟。

在接下来的时日里，我思考了各种各样惊人的方式，如保持距离、自言自语、利用和改善人际关系、从环境中受益，以及使用安慰剂和仪式来提升心灵的自愈能力。这些技巧隐藏在我们的体内及周围。虽然没有什么特定的工具是万能的，但它们都有潜力在我们脑海中的声音过热的时候助其降低温度。然而，这些发现似乎并没有渗透全世界。

所以我开展工作，召集了一群志同道合的科学家和教育家，把我们对情绪管理科学的知识转化为编入初高中课程体系的一门课。

在周游全美并与数百位教育工作者和科学家会面后，2017年秋，我们启动了一项试点研究，其目的是翻译关于情绪控制的研究，包括如何将我们脑海中的声音融入课程[4]，并评估教给学生的这些知识对他们的健康、表现及人际关系的启示。我们称之为“工具箱项目”。

谢天谢地，我们的努力开始有回报了。

在试点研究中[5]，大约450名来自美国一所公立学校的学生组成了一个文化和社会经济多元化的团体，参与了我们设计的工具箱项目课程。结果令人兴奋：选修该课程的孩子们学习了写日记、抽离式自我对话、以挑战为导向的重新规划等技巧，并切实地在日常生活中很大程度地使用了它们。这仅仅是开始。很快，我们就计划进行一项有近1.2万名学生参与的规模更大的研究。

“工具箱”的比喻并不仅仅描述了我和同事们开发的课程，还描述了我希望你从本书中学到的东西。

距离是一种工具，不管是把自己想象成墙上的苍蝇，进行精神层面的时间旅行，还是在大脑中把自己和困境想象成物理层面上更小的样子。抽离式自我对话也是如此：你可以用非第一人称代词或者自己的名字与自己交谈或谈论自己的事，也可以用通用的“你”使挑战普遍化。我们可以成为那些在生活中与喋喋不休做斗争的人脑海中声音的工具，通过避免共同反刍，在提供关怀支持和在他人情绪冷静时帮助他们建设性地重构问题之间找到平衡——他们也可以为我们做同样的事。我们还可以用无形的方式帮助那些身处压力之下且对自己的能力没有安全感的人缓解压力。这些对抗喋喋不休的方法也适用于我们在日益增长的沉浸式数字生活中互动的方式，尽管有些行为同样需要避免在网上出现：被动而非主动地使用社交媒体，做一些线下不会做的缺乏同理心的事情。

另一套工具来自我们周围复杂的世界。大自然是人类大脑名副其实的工具库，它包含了使注意力恢复的愉快且有效的工具，它们对减少喋喋不休和帮助我们保持健康非常有用。它们也能让我们充满敬畏，就像很多不是在山顶上，而是在音乐会、礼拜场所，甚至在自己家里的特殊时刻（只要想起我的女儿们第一次喊“爸爸”的瞬间，我心中的敬畏之情就能重新被点燃），也能让我们心存敬畏。

同样，在周围环境中建立秩序可以让我们备感舒适，感觉更好，思维更清晰，表现更佳。然后是信念，其延展性可以给我们带来益处。与期望有关的神经装置，就算只是糖丸也能改善我们的健康，更不用说文化上规定的，以及我们自己创造的那些仪式了。（在令人敬畏而非超自然的意义上）大脑的自愈力确实是不可思议的。

现在你已经了解到这些不同的工具了，但建立自己的工具箱是至关重要的，那就是你的个人困扰了。这就是为什么即使我们知道了研究结果，压制喋喋不休还是经常如此具有挑战性。

科学已经向我们展示了很多，但我们还有更多需要学习的东西。

我们才刚刚开始了解到控制喋喋不休的各种策略如何在不同情况下对不同的人起作用[6]，或者交替使用它们的时候会收获怎样的效果。[7]为什么有些工具比其他的更适合我们呢？我们每个人都需要发现哪种工具对自己最有效。

管理脑海中的声音不仅有可能让我们的头脑变得更清楚，也可以强化我们与亲朋好友的关系，为我们在乎的人提供更好的支持，建立更多让人们远离倦怠的组织和公司，设计出利用自然和秩序打造的更智能的环境，并且重新思考促进连接和同理心的数字平台。简而言之，改变与自己的对话有改变我们生活的潜能。

我对内省的兴趣源于我的父亲，当人们听到他是怎样鼓励幼时的我“深入探索内心”和“问自己问题”的故事时，他们常常会想，如果我的孩子感到难过，我是否也会这么做。

这个问题的答案是否定的。我必然不会。我不是我的爸爸。但这并不意味着我不跟孩子们讨论如何解决她们的喋喋不休的问题。作为一名希望自己孩子快乐、健康和成功的家长，以及一名知道利用与自己的对话来实现这些目标是多么重要的科学家，我想不出还有什么可以教给她们的更重要的教训了。我只是按照自己的方式去做。

我会在她们难过的时候，在其手肘上贴好创可贴，告诉她们如果她们认为创可贴会让她们感觉更好，那么它就会。我会在她们悲伤时，带她们到家附近漂亮的绿色植物园里散步。当她们告诉我最近在操场或者教室里发生争吵时，我会小心翼翼地劝她们把注意力放在大局上。当她们出于最愚蠢的原因做出不可思议的非理性行为时，我会让她们告诉自己，想象一下妈妈或者我会对她们说什么。我会挠她们痒痒，逗笑她们。

在写本书的过程中，我明白了一件事，那就是我和妻子在女儿与她们自己的对话中发挥了多么重要的作用。我们自己就是她们的工具之一，在需要的时候，为她们提供喋喋不休的支持，并且为她们创造出在家里沉浸的文化。我们塑造了她们脑海中的声音，正如她们越来越多地影响我们自己的声音一样。

我通常会告诉女儿们的那些控制喋喋不休的东西是很有帮助的。我得承认，有时候她们会翻白眼，就像我有时对我父亲做的那样。但随着时间的推移，我注意到她们两人都开始实践其中的许多做法，为了发现什么是有效的，她们会以独特的风格循环地试用她们掌握的不同技术。通过这种方式，我希望能帮女儿们学会驾驭与自己的对话，毕竟它贯穿了我们的一生。

我也提醒女儿们和自己，当喋喋不休来袭时，在思想和经历之间创造一种距离让自己平静会非常有用；当快乐来临时，我们就要沉浸于生命中最珍贵的时刻，这种恰恰相反的行为可以帮助我们尽情地享受多种情绪。

人类大脑是进化中最伟大的发明之一，不仅仅是因为它使我们的物种繁衍生息，也因为尽管生活带来了不可避免的痛苦，它还赋予了我们一种不仅有能力庆祝最好的时光，也能在最糟糕的时刻找到意义的声音。我们都应该倾听这种声音，而不是喋喋不休的喧嚣。

自从上完最后一节课，我就再也没和阿丽尔联系过，所以她并不知道自己的问题开启了什么。不过，如果她能读完《强大内心的自我对话》，就会发现，它是期末课上产生的另一成果。这本书又一次尝试分享了那些已被科学揭示但尚未根植于我们文化的发现。

从某种意义上说，世界上有太多难以计数的阿丽尔——他们渴望了解自己的大脑，它们如何引起喋喋不休的思维杂念，以及怎样才能控制这种思维杂念。

所以我为他们写了这本书。

也为我自己写了这本书。

同样为你。

因为没人应该于凌晨 3 点握着球棒在家中踱来踱去。

工　具

对抗大脑思维杂念的 26 个心理学方法

《强大内心的自我对话》回顾了现有的可以帮助人们解决一些问题的各种工具，这些问题包括陷入负面的思想旋涡与思路清晰、有建设性地思考间的紧张关系。这些技巧中有许多涉及改变我们控制与自己对话的思维方式。但本书的中心思想是讲述在我们自身之外的人际关系和物理环境中控制脑海中的声音的策略。科学家们已经发现了这些工具是如何独立运作的。但是，你必须为自己找出对你最有效的组合。

为了在此过程中帮助你，我总结了本书讨论的技巧，把它们划分成三个部分：可自行实践的工具、涉及他人的工具及涉及环境的工具。每部分首先介绍当喋喋不休来袭时，你觉得最容易上手的策略，然后逐步过渡到那些可能需要你花费更多时间和精力的策略。

可自行实践的工具

从我们自己大脑的“回音室”退后一步，从而采取一种更广阔、更冷静、更客观的视角，这种能力是对抗喋喋不休的重要工具。本节中回顾的许多方法都可以帮助人们做到这一点，尽管有些方法——比如举行仪式——可以通过其他途径实现。

1. **进行抽离式自我对话。**当你受到喋喋不休困扰的时候，创造距离的一种方法就是语言。当你试图走出一段困难的经历时，用你的名字和“你”来指代自己。这样做可以减少激活与反刍相关的大脑网络，从而提高你在压力下的表现，使你更明智地思考，获得更少的负面情绪。
2. **想象给朋友提建议。**从抽离式视角思考经历的另一种方法是，想象一下你会对遇到同样问题的朋友说些什么。想想你会给那个人什么样的建议，然后把它应用到自己身上。

3. 开阔视野。喋喋不休的思维杂念只会让我们狭隘地关注正在遭遇的问题。对此，自然的解决办法就是拓宽我们的视野。为了做到这一点，你可以想想你担心的遭遇与你（或他人）经历过的其他逆境事件相比如何，想想它是怎样嵌入你的生活及世界的大框架里的，想想你钦佩的其他人会对同样的情况做出何种反应。

4. 把经历重新定义为挑战。本书的主题是，你有能力改变你对自身经历的看法。当我们将一种情境解释为威胁，即我们无法掌控的事情时，这通常就会触发喋喋不休。为了控制脑海中的声音，我们需要将当前的境况重新解读为你可以应对的挑战，有效的方法包括提醒自己过去在类似情况下是如何取得成功的，或者使用抽离式自我对话。

5. 重新解释身体对喋喋不休的反应。压力带来的身体症状（比如，约会或者开讲座前的肠胃不适）通常本身就会让人紧张（比如，喋喋不休会让你的胃咕咕叫，使喋喋不休持续不止，而它反过来又会导致你的胃咕咕叫）。这种情况发生时，你可以提醒自己，身体对压力的反应是一种适应性的进化反应，它能提高你在高压环境下的表现水平。换句话说，告诉自己突然呼吸急促、心怦怦跳、手心冒汗不是为了给你搞破坏，而是在帮你应对挑战。

6. 把你的经历普遍化。知道你并不是唯一遭遇某种经历的人，是抑制喋喋不休的有效方式。有一种语言工具可以帮助人们这么做：当你思考和谈论负面经历时，用“你”这个字来指代一般人。这样做有助于人们从健康的距离来反思他们的经历，让人们清楚地意识到发生在他们身上的事情并不独特，而是通常带有人类普遍经验的特征。
7. 进行精神层面的时间旅行。另一种获得距离、开阔视野的方法是想想一个月、一年，甚至更久之后你的感受。提醒自己，当你在未来回顾那些令人不快的事情时，你会发现它们似乎没有那么糟糕。这样做会凸显你当前的情绪状态是暂时的。
8. 改变视角。当你想到消极的经历时，你可以在大脑中使用墙上苍蝇的视角来俯视该事件。试着去理解为什么你的“遥远的自我”会有这种感觉。采用这种视角会让人们更少地关注经历中的情绪特征，更多地以促进洞察和趋向结束的方式重新解读事件。你也可以通过在大脑中想象自己正在远离令人不安的场景，利用视觉想象来获得距离，就像有一台相机在摇摄，直到场景缩小至邮票大小。

9. **达意地书写。**连续两三天，每天花 15~20 分钟写下你对围绕你的负面体验最深刻的想法和感受。当你草草记下思绪时，要真正地释放自己，别担心语法或者拼写问题。从叙述者的角度关注自身体验，会让你与这种体验保持一定的距离，这有助于你理解自己感受到的东西，从而随着时间的推移改善你的感受。

10. **采取中立的第三方视角。**如果你发现自己因为与他人或者一群人消极互动而遭受喋喋不休，那你可以假设出一个中立的第三方观察者的视角，它的动机是为所有的参与方找到最好的结果。这样做可以减少你的负面情绪，平息你脑海中激动的声音，并且提高你与那些和你有负面互动的人，包括你的伴侣的关系质量。

11. 紧握幸运符。简单地相信一件物品的力量往往是通过利用大脑的预期能力来助你缓解喋喋不休。重要的是，你不必非得相信超自然的力量才能从这些行为中受益。简单地了解它们是如何利用大脑的力量进行治愈的就足够了。

12. 举行仪式。举行一种仪式——一组充满意义的固定顺序的行为——会给人们提供秩序感和控制感，这在他们遭受喋喋不休时很有帮助。虽然我们参与的许多仪式（例如，默默地祈祷、冥想）是从我们的家庭和文化中传下来的，但举行你自创的仪式可以同样有效地平息喋喋不休。

涉及他人的工具

当想到生活中的其他人在帮助我们管理脑海中声音的过程中所扮演的角色时，我们需要考虑两个问题。首先，我们如何为他人的喋喋不休提供支持？其次，我们自己如何接受这样的支持？

为喋喋不休提供支持的工具

（1）满足人们的情感和认知需求。当人们因喋喋不休而向他人求助时，他们通常会试图满足自己的两个需求：一方面，他们会寻求关心和支持（情感需求）；另一方面，他们会寻求关于如何前进和获得解脱的具体建议（认知需求）。满足这两种需求对平息他人的喋喋不休来说至关重要。具体来说，这不仅包括换位思考地认同人们正在经历的事情，还包括拓宽他们的视野，提供希望，使他们的经历普遍化。这可以当面完成，也可以通过短信、社交媒体和其他形式的数字通信来完成。

（2）提供无形的支持。当人们没有寻求帮助时，提供如何减少喋喋不休的建议可能会适得其反，因为它会威胁人们的自我效能感和自主性。但这并不意味着当别人遭受喋喋不休却没有寻求帮助时，我们没有办法帮到他们。在这种情况下，为了不让别人知道你在帮助他们，你得提供无形的支持。有许多可以这么做的方法。一种是秘密地提供实际的支持，比如主动地打扫房间。还有一种方法是通过间接的帮助使人们开阔视野，比如泛泛而谈地讲述其他人是怎样应对类似经历的（好比说“为人父母的压力大得惊人”），或者在不表明这些问题是为了帮助有需要的人的情况下向他人征求建议。如果我的同事为与自家的中学毕业生沟通而挣扎，并且我们恰巧和其他顾问共同出席了某个集会，我可能会随意地问一组人是否在与孩子的沟通上遇到了困难，如果有，他们又是如何处理的。

（3）让孩子假装自己是超级英雄。这种策略在媒体上以“蝙蝠侠效应”之名广为流传，它是一种保持距离的策略，对与紧张情绪做斗争的孩子们尤其有用。让他们假装自己是超级英雄或者自己欣赏的卡通人物，在遇到困难时，就鼓励他们用那个角色的名字来称呼自己。这样做有助于他们与内心保持距离。

（4）温情（但有礼貌）的抚摸。感受爱人温暖的拥抱，无论是牵手还是相拥，都能让我们意识到生活中有支持我们且值得依靠之人。这是一种能够减轻喋喋不休的心理重构。深情的触摸也会无意识地触发释放内啡肽和大脑中其他可以减少压力的化学物质，如催产素。当然，要想让触摸产生效果，前提必须是你的抚摸受人欢迎。

（5）成为他人的安慰剂。他人可以强有力地影响我们的信念，包括我们对有效地控制喋喋不休及它将持续多长时间的期望。你可以利用这种人际关系的治疗途径，为向你寻求建议之人提出他们定会改善自身状况的乐观前景，这可以改善他们对喋喋不休将如何发展的预期。

接受喋喋不休支持的工具

（1）建立顾问委员会。寻找合适的人，即那些擅长且能同时满足你情感和认知需求的人，和他们聊聊，是利用他人力量的第一步。根据你所体验的喋喋不休的领域，不同的人术业有专攻。同事可能擅长在工作问题上给你建议，而伴侣可能更适合在人际困境上为你出谋划策。在任何特定的领域，能找到给予你喋喋不休支持的人越多越好。所以，你可以建立一个多样化的

"喋喋不休顾问委员会"，当你发现自己脑海中的声音失控的时候，就能向不同领域的知己寻求支持。

（2）**寻找身体接触。**你不用只等着别人给你深情的抚摸或者支持性的身体接触。知晓它们提供的好处，你就可以通过向生命中值得信任的人索取拥抱或者简单地握手来自行寻找。你甚至无须接触他人就可以获得这些好处。拥抱一个舒适的无生命的物体，比如泰迪熊或者安全毯，也大有裨益。

（3）**看看亲人的照片。**在情绪低落的时候，想想那些关心我们的人会提醒自己总有可以求助之人。这就是为什么当我们发现自己被喋喋不休折磨时，看看亲人的照片就能使脑海中的声音平静下来。

（4）**和他人一起完成仪式。**尽管许多仪式可以单独完成，当着他人的面举行仪式通常还有额外的好处（比如，集体冥想或者祈祷，球队的赛前惯例，或者仅仅是每次都以相同的方式、说着同样的话向朋友们敬酒）。这样做还能减少人们的孤独感，提升自我超越感。

（5）**减少社交媒体的被动使用。**在脸书、照片墙（Instagram）和其他社交媒体平台上窥视他人精心推送的动态可能会引发源源不断的自我挫败感和嫉妒的想法。缓解该种结果的一种方法是限制自己被动地使用社交媒体。相反，要积极地使用这些技术，适时与他人联系。

（6）**利用社交媒体获得支持**。尽管社交媒体可以激发喋喋不休，但它也为你提供了一个前所未有的扩大你喋喋不休支持网规模与范围的机会。但是，如果你使用该种媒介寻求支持，就要小心谨慎，别冲动地分享你的负面想法。这样做有可能会让你冒着风险分享一些你日后会后悔以及令他人不安的东西。

涉及环境的工具

1. **在环境中创造秩序**。当我们遭受喋喋不休困扰时，我们常常会觉得自己好像失去了控制。思想旋涡控制着我们，而不是我们控制着它。此种情况发生时，你可以通过给周围环境建立秩序来增强控制感。你可以采取多种形式组织环境。收拾办公室或者家里，列清单，整理周围不同的物品，都是常见的例子。找到自己整理空间的方式能为你提供一种精神上的秩序感。

2. **多接触绿地。**花时间待在绿色空间里有助于恢复大脑有限的注意力储备，这对于抵抗喋喋不休十分有效。当喋喋不休来袭时，你不妨到绿树成荫的街道或者公园里散散步。如果这不太现实，那就在电脑上看一小段自然风光的影片，盯着一张绿色的风景照看看，甚至是听听带有自然声响的发声机器。你可以让绿植环绕在居住或者工作的空间里，打造一个对脑海中的声音有益的环境。

3. **寻找令人敬畏的体验。**敬畏感能让我们超越对当下的担忧，以正确的方式看待问题。当然，能让人们产生敬畏感的体验不尽相同。对有些人来说，它是去欣赏令人惊叹的美景；对另一些人来说，它是孩子完成惊人壮举的一段记忆；对其他人来说，它可能是凝视一件非凡的艺术品。找出能让你产生敬畏感的东西，然后当你发现内心对话在不断生长时，你就去努力发掘这种情感。你也可以考虑在周围创造出一些让你每次看到都能产生敬畏感的空间。

致　谢

37 年前，当父亲鼓励我“深入探索内心”时，就已经为《强大内心的自我对话》埋下了种子。写这本书时，我的耳畔时常响起他的声音。

感谢我的学生、合作者及同事（有太多人，恕我无法一一列出你们的名字）。没有你们，就没有《强大内心的自我对话》。与你们共事是我的荣幸。希望这本书能让其他人和我一样从你们的智慧中受益。

很难想象如果没有家人的支持，我该怎么完成这本书。几年来，我的妻子劳拉每天都耐心地听我谈论这本书的书稿。她逐字逐句地阅读，不断为我加油。我曾担忧地想，如果没有她，孩子们会在哪里（很可能衣衫褴褛、饥肠辘辘地被困在学校，纳闷我为什么忘记去接她们），我也会迷失自我。我相信每当我需要岳父巴兹尔提供建议的时候，他都不知道自己将要面对什么问题。可以说，我对他的建议几乎照单全收。感谢你们不懈的爱与支持：妈妈、艾尔玛、凯伦、伊恩、利拉，还有欧文，谢谢你们容忍我缺席家庭活动，也谢谢你们没有因为我在假期还要工作而（太）严厉地批判我。我爱你们所有人。

我出色的文学经纪人道格·艾布拉姆斯不仅玉树临风，而且才华横溢、聪慧过人。他有一颗高尚的心。他想让世界变得更加美好的驱动力令人兴奋不已。道格先我一步对《强大内心的自我对话》产生了清晰的愿景，并且孜孜不倦地将该项目付诸实践。他的声音贯穿项目始终，堪称另一个令人愉快的陪伴。阿伦·舒尔曼最初是我的写作教练，后来成了我的密友。他教我如何为广泛的读者群体写作，揭秘如何寻找伟大的故事，在需要提升文章质量时为我打磨字句，并且在最后冲刺时为我过稿助了一臂之力。他是我完美的文字向导。拉腊·洛夫为本书的每一章都提供了一针见血的反馈，耐心地为我解释了出版行业的运作方式，并且花了大把的时光与我闲聊。她的热情与智慧让写作这本书的过程充满乐趣。我在企鹅兰登书屋的编辑蒂姆·达根是一位令人梦寐以求的共事者。他眼光敏锐，有耐心和同理心，从我们开始合作的那一刻起，他就支持《强大内心的自我对话》，并且从未停止支持。他极具洞察力的行文编辑和温和的鼓励使手稿焕然一新，有些地方做了精简，有些地方则更加深入。我将永远感激我们一起共事的机会。希望有朝一日能再合作一次。

想想所有为《强大内心的自我对话》做贡献的人，真令我感动。我的英国编辑乔尔·里基特提供了多轮深入的反馈。在我写本书时，他在每一页都写上的“啊哈”建议如同指导准则。乔尔还鼓励我去调查喋喋不休在梦中是如何显现的，它成了我最喜爱的补充研究之一。威尔·沃尔夫斯劳阅读了每一章，提出了无数改进终稿的建议。在出版过程中，奥布里·马丁森（和威尔）熟练地整理手稿，让我了解每一个最新进展。莫莉·斯特恩从看到《强大内心的自我对话》提案的那一刻起，就决定支持本书。雷切尔·克莱曼、埃玛·贝里和吉莉安·布莱克在好几章里都提供了非凡的见解。他们的建议增加了《强大内心的自我对话》的深度和广度，我对此非常感激。埃文·尼斯特拉克是一位核查事实的奇才。他的缜密、细致助我安睡，因为我知道我讲述的每个故事细节都得到了证实。

Idea Architects 是一家文稿代理商，里面的员工思维敏锐，对工作充满了激情。感谢雷切尔·纽曼、泰·洛夫、科迪·洛夫、贾内尔·朱利安、布·普林斯、玛丽亚·桑福德、凯瑟琳·瓦兹、凯尔西·谢罗纳斯、埃斯米·施瓦尔·韦加德，以及其他团队成员的帮助。感谢企鹅兰登书屋的史蒂夫·梅西纳、英格丽德·斯特纳、罗伯特·锡克、林内娅·诺尔米勒、萨利·富兰克林、伊丽莎白·兰德弗雷士、克里斯·布兰德、朱莉·塞普勒、戴亚娜·梅西纳和雷切尔·奥德里奇。感谢英国企鹅兰登书屋旗下出版社伊布里（Ebury）的利娅·费尔泰姆和塞雷娜·纳萨雷斯。阿布纳·斯坦和Marsh Agency公司的人帮忙在世界各地宣传《强大内心的自我对话》。我非常感谢凯斯宾·丹尼斯、桑迪·维奥莱特、费利西蒂·埃莫、萨拉·麦克法登、萨利安·圣克莱尔、卡米拉·费里尔、杰玛·麦克唐纳和莫妮卡·卡利尼亚诺与上述两家代理公司团队的其他成员一起为该项目的辛勤付出。

沃尔特·米歇尔还没来得及读到《强大内心的自我对话》就去世了。他的影响渗透书的每一页。从我研究生入学的第一天起，奥泽拉姆·阿杜克就一直是我的亲密朋友兼研究伙伴。她永恒的友谊与支持贯穿着整个项目，激励我前进。《强大内心的自我对话》中也凝聚了她的智慧。

安吉拉·达克沃斯是我认识的最繁忙的科学家。然而，她总会回复我的电话（通常是在电话铃响的几分钟后），并且始终给我明智的建议和衷心的鼓励。戴维·迈耶在我们的周会上，耐心地听我讲了无数的故事。杰森·莫泽是一位完美的头脑风暴合作伙伴，他对我（在书中，而非我个人）遇到的几个问题提供了敏锐、冷静、客观的视角。当我在研究生院遇到贾米尔·扎基时，我并不知道我们俩最后居然会同时写书。他是

《强大内心的自我对话》最完美的顾问。

自项目伊始，亚当·格兰特、苏珊·凯恩、丹尼尔·平克、丹·希思、简·麦戈尼格尔、玛利亚·康尼科娃、亚当·奥尔特、埃利萨·埃佩尔、索尼娅·柳博米尔斯基、戴夫·埃文斯、汤姆·博伊斯、詹姆斯·多蒂、约翰·巴奇、斯科特·索南沙因和安迪·莫林斯基就是它强有力的支持者。感谢你们所有的溢美之词。

许多人慷慨地与我分享了他们精彩的故事。谢谢！没有他们，就不会有现在的《强大内心的自我对话》。

我很幸运能与才华横溢、乐于奉献时间的同事们共事。约翰·乔耐德、苏珊·格尔曼、奥斯卡·亚巴拉、卢克·海德、雅辛塔·比尔、盖尔·谢普斯、丹尼尔·威林厄姆、戴维·达宁、史蒂夫·科尔、阿里安娜·奥韦尔、马克·伯曼、鲁迪·门多萨·丹顿、安德鲁·欧文、郭明、艾米·戈登、马克·西里、斯科特·佩奇、卢·彭纳、尼克·霍夫曼、迪克·尼斯贝特、北山忍、斯蒂芬妮·卡尔森、雷切尔·怀特、克莱格·安德森、珍妮特·金、伯纳德·里姆、沃尔特·索顿、菲利普·维尔杜因，以及托尔·韦格都在我的写作过程中提供了很有帮助的反馈。我还要感谢密歇根大学，这是一个独特的机构，它鼓励教授们提出“重大”的问题。没有它的支持，我在书中提到的很多研究都不可能实现。我也要感谢美国国家卫生研究院、美国国家科学基金会、河谷乡村学校（Riverdale Country School）、品格实验室（Character Lab）、脸书和约翰·邓普顿基金会的支持。当然，本书仅代表个人观点，不一定反映了这些组织的看法。

最后，致敬马亚和达尼。（我目前为止发现的）写这本书最糟糕的部分是我意识到它占用了我们在一起的时间。感谢你们的耐心与爱心。现在我回来了！

注 释

引文

1. Cathleen Falsani, "Transcript: Barack Obama and the God Factor Interview," *Sojourners*, March 27, 2012, sojo.net/articles/transcript-barack-obama-and-god-factor-interview.
2. Dan Harris, *10% Happier: How I Tamed the Voice in My Head, Reduced Stress Without Losing My Edge, and Found Self-Help That Actually Works—a True Story* (New York: It Books, 2014).

引言 心理学家也会遭遇的心理问题

1. "Pain of Rejection: Real Pain for the Brain," CBS News, March 29, 2011, www.cbsnews.com/news/pain-of-rejection-real-pain-for-the-brain/. The segment can be viewed here: selfcontrol.psych.lsa.umich.edu/wp-content/uploads/2017/08/Why-does-a-broken-heart-physically-hurt.mp4.
2. Janet Metcalfe and Hedy Kober, "Self-Reflective Consciousness and the Projectable Self," in *The Missing Link in Cognition: Origins of Self-Reflective Consciousness*, ed. H. S. Terrace and J. Metcalfe (Oxford: Oxford University Press, 2005), 57–83.
3. 本段中提到的每一点均会在其余各章中得到详述，谈及它们时会附上参考文献。关于喋喋不休如何在细胞层面上致人衰老的讨论，参见第二章中第 56 条尾注。

4. Matthew A. Killingsworth and Daniel T. Gilbert, "A Wandering Mind Is an Unhappy Mind," *Science* 330 (2010): 932; Peter Felsman et al., "Being Present: Focusing on the Present Predicts Improvements in Life Satisfaction but Not Happiness," *Emotion* 17 (2007): 1047–1051; Michael J. Kane et al., "For Whom the Mind Wanders, and When, Varies Across Laboratory and Daily-Life Settings," *Psychological Science* 28 (2017): 1271–1289. 正如凯恩（Kane）等人在文章中明确指出的那样，心智游移的比率当然因人而异。我在本章中使用的是平均数，在《强大内心的自我对话》全书里呈现的绝大多数统计数据都是平均值。
5. 2001 年发表的一篇论文引发了对默认状态的大量研究：Marcus E. Raichle et al., "A Default Mode of Brain Function," *Proceedings of the National Academy of Sciences of the United States of America* 98 (2001): 676–682. 后续的研究将默认状态的活动与心智游移联系了起来。Malia F. Mason et al., "Wandering Minds: The Default Network and Stimulus-Independent Thought," *Science* 315 (2007): 393–395. Also see Kalina Christoff et al., "Experience Sampling During fMRI Reveals Default Network and Executive System Contributions to Mind Wandering," *Proceedings of the National Academy of Sciences of the United States of America* 106 (2009): 8719–8724.
6. 正如我在第一章中解释的那样，我们的默认模式并不局限于语言推理。例如，当我们走神的时候，也可以进行视觉空间的推理。尽管如此，语言推理仍然是心智游移的核心组成部分。例如，在关于该主题的首批严谨研究中，埃里克·克林格（Eric Klinger）和 W. 迈尔斯·科克斯（W. Miles Cox）总结道："思维内容通常伴随着某种程度的内心独白。"他们将之定义为"贯穿思维活动始终，我都在自言自语"。他们进一步指出，"内心独白至少和视觉意象一样，都是思想流的普遍特征"。Eric Klinger and W. Miles Cox, "Dimensions of Thought Flow in Everyday Life," *Imagination, Cognition, and Personality* 7 (1987): 105–128. Also see Christopher L. Heavey and Russell T. Hurlburt, "The Phenomena of Inner Experience," *Consciousness and Cognition* 17 (2008): 798–810; and David Stawarczyk, Helena Cassol, and Arnaud D'Argembeau, "Phenomenology of Future-Oriented Mind-Wandering Episodes," *Frontiers in Psychology* 4 (2013): 1–12.
7. Halvor Eifring, "Spontaneous Thought in Contemplative Traditions," in *The Oxford Handbook of Spontaneous Thought: Mind-Wandering, Creativity, and Dreaming,* ed. K. Christoff and K. C. R. Fox (New York: Oxford University Press, 2018), 529–538. 艾福林（Eifring）把无意识的想法定义为一种心智游移，如上一条尾注所述，它通常会涉及内心独白。纵观历史，有好几位学者讨论过"内心的语言在宗教中所发挥的重要角

色”的观点。例如，克里斯托弗 · C. H. 库克（Christopher C. H. Cook）指出，“在当代宗教经验中，声音来源的神圣性是毋庸置疑的”。Christopher C. H. Cook, *Hearing Voices, Demonic and Divine* (London: Routledge, 2019). For additional discussion, see Daniel B. Smith, *Muses, Madmen and Prophets: Hearing Voices and the Borders of Sanity* (New York: Penguin Books, 2007); T. M. Luhrmann, Howard Nusbaum, and Ronald Thisted, "The Absorption Hypothesis: Learning to Hear God in Evangelical Christianity," *American Anthropologist* 112 (2010): 66–78; Charles Fernyhough, *The Voices Within: The History and Science of How We Talk to Ourselves* (New York: Basic Books, 2016); and Douglas J. Davies, "Inner Speech and Religious Traditions," in *Theorizing Religion: Classical and Contemporary Debates,* ed. James A. Beckford and John Walliss (Aldershot, England: Ashgate Publishing, 2006), 211–223.

8. K. Maijer et al., "Auditory Hallucinations Across the Lifespan: A Systematic Review and Meta-Analysis," *Psychological Medicine* 48 (2018): 879–888.

9. Ron Netsell and Klaas Bakker, "Fluent and Dysfluent Inner Speech of Persons Who Stutter: Self-Report," Missouri State University Unpublished Manuscript (2017). For discussion, see M. Perrone-Bertolotti et al., "What Is That Little Voice Inside My Head? Inner Speech Phenomenology, Its Role in Cognitive Performance, and Its Relation to Self-Monitoring," *Behavioural Brain Research* 261 (2014): 220–239, and Charles Fernyhough, *The Voices Within: The History and Science of How We Talk to Ourselves.* 然而，有证据表明，口吃之人在默语时也会出错，就和人们要求他们表演绕口令大声说话时一样，"Investigating the Inner Speech of People Who Stutter: Evidence for (and Against) the Covert Repair Hypothesis," *Journal of Communication Disorders* 44 (2011): 246–260。

10. 使用手语的聋人也会“自言自语”，但他们表达内心语言的方式与听力正常的人相比既有相似，也有不同。Margaret Wilson and Karen Emmorey, "Working Memory for Sign Language: A Window into the Architecture of the Working Memory System," *Journal of Deaf Studies and Deaf Education* 2 (1997): 121–130; Perrone-Bertolotti et al., "What Is That Little Voice Inside My Head?"; and Helene Loevenbruck et al., "A Cognitive Neuroscience View of Inner Language: To Predict and to Hear, See, Feel," in *Inner Speech: New Voices,* ed. P. Langland-Hassan and Agustin Vicente (New York: Oxford University Press, 2019), 131–167. 例如，一项大脑成像研究发现，当要求深度失聪的人使用内在的手势语无声地完成一个句子（比如，“我是……”）时，支持听力正常的人大脑中内心语言的左前额叶皮质区域会被激活。Philip K. McGuire et al.,

“Neural Correlates of Thinking in Sign Language,” *NeuroReport* 8 (1997): 695–698. 这些发现与过往研究广泛一致地表明，对听力正常和失聪的人来说，大脑系统支持口语和手语表达的部分有重叠。为了更好地理解手语和口语是怎样共享同一个神经基础的，我们有必要考虑以下事实：这两种语言是受同一套组织原则（例如：词法、语法、语义学和音韵学）支配的。Laura Ann Petitto et al., “Speech-Like Cerebral Activity in Profoundly Deaf People Processing Signed Languages: Implications for the Neural Basis of Human Language,” *Proceedings of the National Academy of Sciences of the United States of America* 97 (2000): 13961–13966.

11. Rodney J. Korba, “The Rate of Inner Speech,” *Perceptual and Motor Skills* 71 (1990): 1043–1052, 要求参与者记录下他们用来解数学考试中的文字题的“内心语言”，然后完全用陈述性的话语大声说出解题方案。参与者默念方案的速度大约比他们用“表达性言语”进行阐述快 11 倍。正如该项研究所表明的，尽管我们能够用完整的句子进行思考，内心语言也可以采用一种更加简练的方式，这要比我们大声说话快得多。For discussion, see Simon McCarthy Jones and Charles Fernyhough, “The Varieties of Inner Speech: Links Between Quality of Inner Speech and Psychopathological Variables in a Sample of Young Adults,” *Consciousness and Cognition* 20 (2011): 1586–1593.

12. 我对“当代美国总统的国情咨文演说”的定义是指 2001—2020 年发布最新数据当日的所有演讲。Gerhard Peters, “Length of State of the Union Address in Minutes (from 1966),” in The American Presidency Project, ed. John T. Woolley and Gerhard Peters (Santa Monica, CA: University of California, 1999–2020). Available from the World Wide Web: https://www.presidency.ucsb.edu/node/324136/.

13. 心理学家使用过不同的术语指代表面上与喋喋不休类似的过程（例如：“反刍”“事后处理”“习惯性负面反思”“慢性压力”“担忧”）。尽管在某些情况下，这些不同形式的重复性负面思维会表现出细微的差异（也就是说，“反刍”往往专注于过去，而“担忧”则面向未来），但科学家们经常把它们归为“固执性认知”或者“负面的重复性想法”的单一结构。在本书中，我用术语“喋喋不休”来呈现这一概念。For discussion of these issues, see Jos F. Brosschot, William Gerin, and Julian F. Thayer, “The Perseverative Cognition Hypothesis: A Review of Worry, Prolonged Stress-Related Physiological Activation, and Health,” *Journal of Psychosomatic Research* 60 (2006): 113–124; and Edward R. Watkins, “Constructive and Unconstructive Repetitive Thought,” *Psychological Bulletin* 134 (2008): 163–206.

第一章 我们与自己的对话

1. 关于项目的日期范围，参见 Irving's webpage at the University of Manchester: www.research.manchester.ac.uk/portal/en/researchers/andrew-irving(109e5208-716e-42e8-8d4f-578c9f556cd9)/projects.html?period=finished。
2. "Interview: Dr. Andrew Irving & 'New York Stories,' " June 10, 2013, Wenner-Gren Foundation, blog.wennergren.org/2013/06/interview-dr-andrew-irving-new-york-stories/; and Andrew Irving, *The Art of Life and Death: Radical Aesthetics and Ethnographic Practice* (New York: Hau Books, 2017).
3. For a discussion of Irving's fieldwork in Africa see Andrew Irving, "Strange Distance: Towards an Anthropology of Interior Dialogue," *Medical Anthropology Quarterly* 25 (2011): 22–44; and Sydney Brownstone, "For 'New York Stories,' Anthropologist Tracked 100 New Yorkers' Inner Monologues Across the City," *Village Voice,* May 1, 2013.
4. Thomas Suddendorf and Michael C. Corballis, "The Evolution of Foresight: What Is Mental Time Travel, and Is It Unique to Humans?," *Behavioral and Brain Sciences* 30 (2007): 299–351.
5. 欧文指出，尽管参与者的想法存在差异，但有这么多人想到诸如经济不稳定和恐怖主义等负面话题，实在令他震惊。Brownstone, "For 'New York Stories,' Anthropologist Tracked 100 New Yorkers' Inner Monologues Across the City."
6. Eric Klinger, Ernst H. W. Koster, and Igor Marchetti, "Spontaneous Thought and Goal Pursuit: From Functions Such as Planning to Dysfunctions Such as Rumination," in Christoff and Fox, *Oxford Handbook of Spontaneous Thought,* 215–232; Arnaud D'Argembeau, "Mind-Wandering and Self-Referential Thought," in ibid., 181–192; and A. Morin, B. Uttl, and B. Hamper, "Self-Reported Frequency, Content, and Functions of Inner Speech," *Procedia: Social and Behavioral Journal* 30 (2011): 1714–1718.
7. 参见引言中第 6 条尾注。
8. Michael L. Anderson, "Neural Reuse: A Fundamental Principle of the Brain," *Behavioral and Brain Sciences* 33 (2010): 245–313.
9. Alan Baddeley, "Working Memory," *Science* 255 (1992): 556–559. Also see Alan Baddeley and Vivien Lewis, "Inner Active Processes in Reading: The Inner Voice, the Inner Ear, and the Inner Eye," in *Interactive Processes in Reading,* ed. A. M. Lesgold and C. A. Perfetti (Hillsdale, NJ: Lawrence Erlbaum, 1981), 107–129; Alan D. Baddeley and Graham J. Hitch, "The Phonological Loop as a Buffer Store: An Update," *Cortex* 112

(2019): 91–106; and Antonio Chella and Arianna Pipitone, "A Cognitive Architecture for Inner Speech," *Cognitive Systems Research* 59 (2020): 287–292.

10. Nivedita Mani and Kim Plunkett, "In the Infant's Mind's Ear: Evidence for Implicit Naming in 18-Month-Olds," *Psychological Science* 21 (2010): 908–913. For discussion, see Ben Alderson-Day and Charles Fernyhough, "Inner Speech: Development, Cognitive Functions, Phenomenology, and Neurobiology," *Psychological Bulletin* 141 (2015); and Perrone-Bertolotti et al., "What Is That Little Voice Inside My Head?"

11. Lev Vygotsky, *Thinking and Speech: The Collected Works of Lev Vygotsky*, vol. 1 (1934; New York: Plenum Press, 1987). Also see Alderson-Day and Fernyhough, "Inner Speech"; and Perrone-Bertolotti et al., "What Is That Little Voice Inside My Head?"

12. 对于强调父母在孩子社会化过程中所扮演角色的复杂性的研究，参见 W. Andrew Collins et al., "Contemporary Research on Parenting: The Case for Nature and Nurture," *American Psychologist* 55 (2000): 218–232。最近的一个关于父母在孩子情感生活中所扮演角色的例证来自一项大型荟萃分析，它揭示了父母行为和一些情绪适应效果在统计学上显著的积极联系。See Michael M. Barger et al., "The Relation Between Parents' Involvement in Children's Schooling and Children's Adjustment: A Meta-analysis," *Psychological Bulletin* 145 (2019): 855– 890.

13. 有关语言在传播文化观念中所扮演角色的更广泛讨论，参见 Susan A. Gelman and Steven O. Roberts, "How Language Shapes the Cultural Inheritance of Categories," *Proceedings of the National Academy of Sciences of the United States of America* 114 (2017): 7900–7907; and Roy Baumeister and E. J. C. Masicampo, "Conscious Thought Is for Facilitating Social and Cultural Interactions," *Psychological Review* 117 (2010): 945–971。

14. Hazel R. Markus and Shinobu Kitayama, "Culture and the Self: Implications for Cognition, Emotion, and Motivation," *Psychological Review* 98 (1991): 224–253.

15. Adam B. Cohen, "Many Forms of Culture," *American Psychologist* 64 (2009): 194–204.

16. Laura E. Berk and Ruth A. Garvin, "Development of Private Speech Among Low-Income Appalachian Children," *Developmental Psychology* 20 (1984): 271–286; Laura E. Berk, "Children's Private Speech: An Overview of Theory and the Status of Research," in *Private Speech: From Social Interaction to Self-Regulation,* eds. Rafael M. Diaz and Laura E. Berk (New York: Psychology Press, 1992), 17–54.

17. Paige E. Davis, Elizabeth Meins, and Charles Fernyhough, "Individual Differences in

Children's Private Speech: The Role of Imaginary Companions," *Journal of Experimental Child Psychology* 116 (2013): 561–571.

18. Amanda Grenell and Stephanie M. Carlson, "Pretense," in *The Sage Encyclopedia of Contemporary Early Childhood Education,* ed. D. Couchenour and J. K. Chrisman (New York: Sage, 2016), 1075–1077.

19. For illustrative studies, see Arnaud D'Argembeau, Olivier Renaud, and Martial Van der Linden, "Frequency, Characteristics, and Functions of Future-Oriented Thoughts in Daily Life," *Applied Cognitive Psychology* 25 (2011): 96–103; Alain Morin, Christina Duhnych, and Famira Racy, "Self-Reported Inner Speech Use in University Students," *Applied Cognitive Psychology* 32 (2018): 376–382; and Akira Miyake et al., "Inner Speech as a Retrieval Aid for Task Goals: The Effects of Cue Type in the Random Task Cuing Paradigm," *Acta Psychologica* 115 (2004): 123–142. Also see Adam Winsler, "Still Talking to Ourselves After All These Years: A Review of Current Research on Private Speech," in *Private Speech, Executive Functioning, and the Development of Verbal Self-Regulation,* ed. A. Winsler, C. Fernyhough, and I. Montero (New York: Cambridge University Press, 2009), 3–41.

20. D'Argembeau, Renaud, and Van der Linden, "Frequency, Characteristics, and Functions of Future-Oriented Thoughts in Daily Life"; D'Argembeau, "Mind-Wandering and Self-Referential Thought"; and Morin, Duhnych, and Racy, "Self-Reported Inner Speech Use in University Students."

21. Erin J. Wamsley, "Dreaming and Waking Thought as a Reflection of Memory Consolidation," in Christoff and Fox, *Oxford Handbook of Spontaneous Thought,* 457–468, presents a cogent review of dream research.

22. Kieran C. R. Fox et al., "Dreaming as Mind Wandering: Evidence from Functional Neuroimaging and First-Person Content Reports," *Frontiers in Human Neuroscience* 7 (2013): 1–18; Tracey L. Kahan and Stephen P. LaBerge, "Dreaming and Waking: Similarities and Differences Revisited," *Consciousness and Cognition* 20 (2011): 494–514; Lampros Perogamvros et al., "The Phenomenal Contents and Neural Correlates of Spontaneous Thoughts Across Wakefulness, NREM Sleep, and REM Sleep," *Journal of Cognitive Neuroscience* 29 (2017): 1766–1777; and Erin J. Wamsley, "Dreaming and Waking Thought as a Reflection of Memory Consolidation."

23. 有关梦在模拟威胁中所扮演角色的讨论，参见 Katja Valli and Antti Revonsuo, "The Threat Simulation Theory in Light of Recent Empirical Evidence: A Review," *American*

Journal of Psychology 122 (2009): 17–38; and Antti Revonsuo, "The Reinterpretation of Dreams: An Evolutionary Hypothesis of the Function of Dreaming," *Behavioral and Brain Sciences* 23 (2001): 877–901。Also see J. Allan Hobson, "REM Sleep and Dreaming: Towards a Theory of Protoconsciousness," *Nature Reviews Neuroscience* 10 (2009): 803–813.

24. Arnaud D'Argembeau et al., "Brains Creating Stories of Selves: The Neural Basis of Autobiographical Reasoning," *Social Cognitive Affective Neuroscience* 9 (2014): 646–652; Raymond A. Mar, "The Neuropsychology of Narrative: Story Comprehension, Story Production, and Their Interrelation," *Neuropsychologia* 42 (2004): 1414–1434; and Baumeister and Masicampo, "Conscious Thought Is for Facilitating Social and Cultural Interactions"; Kate C. McLean et al., "Selves Creating Stories Creating Selves: A Process Model of Self-Development," *Personality and Social Psychology Review* 11 (2007): 262–278. 有关语言在自传性推论中所扮演角色的更广泛讨论，参见 Robyn Fivus, "The Stories We Tell: How Language Shapes Autobiography," *Applied Cognitive Psychology* 12 (1998): 483–487。

25. 为了讲述吉尔·伯特·泰勒的故事，我参考了她的书 *My Stroke of Insight: A Brain Scientist's Personal Journey* (New York: Penguin Books, 2008) 和她的 TED 演讲 "My Stroke of Insight," www.ted.com/talks/jill_bolte_taylor_s_powerful_stroke_of_insight?language=en，援引了两者中的话。我十分感谢阿兰·莫林（Alain Morin）在一篇文章中从自言自语的语境出发分析了吉尔·伯特·泰勒的案例，为我指明了这个例子：Alain Morin, "Self-Awareness Deficits Following Loss of Inner Speech: Dr. Jill Bolte Taylor's Case Study," *Consciousness and Cognition* 18 (2009): 524–529.

26. Killingsworth and Gilbert, "Wandering Mind Is an Unhappy Mind."

第二章 内省反而会加剧压力

1. 为了讲述里克·安基尔的故事，我引用了里克·安基尔 *The Phenomenon: Pressure, the Yips, and the Pitch That Changed My Life* (New York: PublicAffairs, 2017) 一书，以及如下文章里的话：Gary Waleik, "Former MLB Hurler Remembers 5 Pitches That Derailed His Career," *Only a Game*, WBUR, May 19, 2017, www.wbur.org/onlyagame/2017/05/19/rick-ankiel-baseball; and Rick Ankiel, "Letter to My Younger Self," *The Players' Tribune*, Sept. 18, 2017, https://www.theplayerstribune.com/en-us/articles/rick-ankiel-letter-to-my-younger-self-cardinals.

2. Waleik, "Former MLB Hurler Remembers 5 Pitches That Derailed His Career."
3. MLB.com. YouTube: https://www.you tube.com/watch?time_continue=5&v=KDZX525 CSvw&feature= emb_title.
4. Baseball-reference.com: https:// www.baseball-reference.com/players/a/ankieri01.shtml.
5. 西恩·贝洛克（Sian Beilock）是世界顶尖的研究"压力下的运动表现失手"的专家之一。我借鉴了她在如下著作中的研究：Sian L. Beilock and Rob Gray, "Why Do Athletes Choke Under Pressure?," in *Handbook of Sport Psychology,* 3rd ed., ed. G. Tenenbaum and R. C. Eklund (Hoboken, NJ: John Wiley and Sons, 2007), 425–444.
6. Michael I. Posner and Mary K. Rothbart, "Research on Attention Networks as a Model for the Integration of Psychological Science," *Annual Review of Psychology* 58 (2007): 1–23.
7. Amanda Prahl, "Simone Biles Made History with Her Triple Double—Here's What That Term Actually Means," *PopSugar,* Aug. 15, 2019, www.popsugar.com/fitness/What-Is-Triple-Double-in-Gymnastics-46501483. Also see Charlotte Caroll, "Simone Biles Is First-Ever Woman to Land Triple Double in Competition on Floor," *Sports Illustrated,* Aug. 11, 2019, https:// www.si.com/olympics/2019/08/12/simone-biles-first-ever-woman-land-triple-double-competition-video.
8. Beilock and Gray, "Why Do Athletes Choke Under Pressure?" 值得注意的是，该研究非常典型地使用了"崩溃"（dechunked）一词来描述我所指的"断开连接"的过程。
9. Sian Beilock, *Choke* (New York: Little, Brown, 2011).
10. Adele Diamond, "Executive Functions," *Annual Review of Psychology* 64 (2013): 135–168.
11. Amitai Shenhav et al., "Toward a Rational and Mechanistic Account of Mental Effort," *Annual Review of Neuroscience* 40 (2017): 99–124.
12. Nelson Cowan, "The Magical Mystery Four: How Is Working Memory Capacity Limited, and Why?," *Current Directions in Psychological Science* 19 (2010): 51–57.
13. 学者们已从多种角度对"固执性认知会损害执行功能发挥"的观点进行了研究。See Michael W. Eysenck et al., "Anxiety and Cognitive Performance: Attentional Control Theory," *Emotion* 7 (2007): 336–353; Hannah R. Snyder, "Major Depressive Disorder Is Associated with Broad Impairments on Neuropsychological Measures of Executive Function: A Meta-analysis and Review," *Psychological Bulletin* 139 (2013): 81–132; and Tim P. Moran, "Anxiety and Working Memory Capacity: A Meta-analysis and Narrative Review," *Psychological Bulletin* 142 (2016): 831–864.

14. Nathaniel von der Embse et al., "Test Anxiety Effects, Predictors, and Correlates: A 30-Year Meta-analytic Review," *Journal of Affective Disorders* 227 (2018): 483–493.

15. Dianna T. Kenny, "A Systematic Review of Treatments for Music Performance Anxiety," *Anxiety, Stress, and Coping* 18 (2005): 183–208.

16. Alison Wood Brooks and Maurice E. Schweitzer, "Can Nervous Nelly Negotiate? How Anxiety Causes Negotiators to Make Low First Offers, Exit Early, and Earn Less Profit," *Organizational Behavior and Human Decision Processes* 115 (2011): 43–54.

17. Bernard Rimé, "Emotion Elicits the Social Sharing of Emotion: Theory and Empirical Review," *Emotion Review* 1 (2009): 60–85. 我也借鉴了以下演讲：Bernard Rimé, "The Social Sharing of Emotion" (lecture delivered at Collective Emotions in Cyberspace Consortium), YouTube, published May 20, 2013, www.youtube.com/watch?v=JdCksLisfUQ.

18. 虽然里姆的研究表明，谈论个人情感的动机是一种跨文化现象，但不同文化分享情感的速度并不相同。See Archana Singh-Manoux and Catrin Finkenauer, "Cultural Variations in Social Sharing of Emotions: An Intercultural Perspective on a Universal Phenomenon," *Journal of Cross-Cultural Psychology* 32 (2001): 647–661. Also see Heejung S. Kim, "Social Sharing of Emotion in Words and Otherwise," *Emotion Review* 1 (2009): 92–93.

19. For review, see Susan Nolen-Hoeksema, Blair E. Wisco, and Sonja Lyubomirsky, "Rethinking Rumination," *Perspectives on Psychological Science* 3 (2008): 400–424; also see Thomas E. Joiner et al., "Depression and Excessive Reassurance-Seeking," *Psychological Inquiry* 10 (1999): 269–278; Michael B. Gurtman, "Depressive Affect and Disclosures as Factors in Interpersonal Rejection," *Cognitive Therapy Research* 11 (1987): 87–99; and Jennifer L. Schwartz and Amanda McCombs Thomas, "Perceptions of Coping Responses Exhibited in Depressed Males and Females," *Journal of Social Behavior and Personality* 10 (1995): 849–860.

20. For reviews, see Nolen-Hoeksema, Wisco, and Lyubomirsky, "Rethinking Rumination"; and Lyubomirsky et al., "Thinking About Rumination," *Annual Review of Clinical Psychology* 11 (2015): 1–22.

21. 有关紧张的社会关系如何导致社交孤立和孤独感的讨论，参见 Julianne Holt-Lunstad, "Why Social Relationships Are Important for Physical Health: A Systems Approach to Understanding and Modifying Risk and Perception," *Annual Review of*

Psychology 69 (2018): 437–458; and Julianne Holt-Lunstad, Timothy B. Smith, Mark Baker, Tyler Harris, and David Stephenson, "Loneliness and Social Isolation as Risk Factors for Mortality: A Meta-analytic Review," *Perspectives on Psychological Science* 10 (2015): 227–237。

关于记录孤独和社交孤立的毒性效应的研究，参见 John T. Cacioppo and Stephanie Cacioppo, "The Growing Problem of Loneliness," *The Lancet* 391 (2018): 426; Greg Miller, "Why Loneliness Is Hazardous to Your Health," *Science* 14 (2011): 138–140; and Aparna Shankar, Anne McMunn, James Banks, and Andrew Steptoe, "Loneliness, Social Isolation, and Behavioral and Biological Health Indicators in Older Adults," *Health Psychology* 30 (2011): 377–385。

22. Katie A. McLaughlin and Susan Nolen-Hoeksema, "Interpersonal Stress Generation as a Mechanism Linking Rumination to Internalizing Symptoms in Early Adolescents," *Journal of Clinical Child and Adolescent Psychology* 41 (2012): 584–597.

    约翰·卡乔波（John Cacioppo）和同事们的一项研究进一步凸显了孤独和自我关注之间的相互联系：John T. Cacioppo, Hsi Yuan Chen, and Stephanie Cacioppo, "Reciprocal Influences Between Loneliness and Self-Centeredness: A Cross-Lagged Panel Analysis in a Population-Based Sample of African American, Hispanic, and Caucasian Adults," *Personality and Social Psychology Bulletin* 43 (2017): 1125–1135.

23. Susan Nolen-Hoeksema and Christopher G. Davis, " 'Thanks for Sharing That': Ruminators and Their Social Support Networks," *Journal of Personality and Social Psychology* 77 (1999): 801–814.

24. Thomas F. Denson et al., "Understanding Impulsive Aggression: Angry Rumination and Reduced Self-Control Capacity Are Mechanisms Underlying the Provocation-Aggression Relationships," *Personality and Social Psychology Bulletin* 37 (2011): 850–862; and Brad J. Bushman, "Does Venting Anger Feed or Extinguish the Flame? Catharsis, Rumination, Distraction, Anger, and Aggressive Responding," *Personality and Social Psychology Bulletin* 28 (2002): 724–731.

25. Brad J. Bushman et al., "Chewing on It Can Chew You Up: Effects of Rumination on Triggered Displaced Aggression," *Journal of Personality and Social Psychology* 88 (2005): 969– 983.

26. Facebook Newsroom, Facebook, newsroom.fb.com/company-info/; and J. Clement, "Number of Monthly Active Twitter Users Worldwide from 1st Quarter 2010 to 1st

Quarter 2019 (in Millions)," Statista, www.statista.com/statistics/282087/number-of-monthly-active-twitter-users/.

27. Mina Choi and Catalina L. Toma, "Social Sharing Through Interpersonal Media: Patterns and Effects on Emotional Well-Being," *Computers in Human Behavior* 36 (2014): 530–541; and Adriana M. Manago, Tamara Taylor, and Patricia M. Greenfield, "Me and My 400 Friends: The Anatomy of College Students' Facebook Networks, Their Communication Patterns, and Well-Being," *Developmental Psychology* 48 (2012): 369–380.

28. 我和同事们进行的一项研究可以作为该原则的案例，我们证明了被动使用脸书（即浏览网页以获取他人信息）会降低幸福感，而积极使用脸书（即在网站上发布信息）则不然。See Philippe Verduyn et al., "Passive Facebook Usage Undermines Affective Well-Being: Experimental and Longitudinal Evidence," *Journal of Experimental Psychology: General* 144 (2015): 480–488. For review, see Philippe Verduyn et al., "Do Social Network Sites Enhance or Undermine Subjective Well-Being? A Critical Review," *Social Issues and Policy Review* 11 (2017): 274–302.

29. Jamil Zaki, *The War for Kindness: Building Empathy in a Fractured World* (New York: Crown, 2019); and Frans B. M. de Waal and Stephanie Preston, "Mammalian Empathy: Behavioural Manifestations and Neural Basis," *Nature Reviews Neuroscience* 18 (2017): 498–509.

30. Rimé, "Emotion Elicits the Social Sharing of Emotion."

31. John Suler, "The Online Disinhibition Effect," *Cyberpsychology and Behavior* 3 (2004): 321–326; Noam Lapidot-Lefler and Azy Barak, "Effects of Anonymity, Invisibility, and Lack of Eye-Contact on Toxic Online Disinhibition," *Computers in Human Behavior* 28 (2012): 434–443; and Christopher Terry and Jeff Cain, "The Emerging Issue of Digital Empathy," *American Journal of Pharmaceutical Education* 80 (2016): 58.

32. Committee on the Biological and Psychosocial Effects of Peer Victimization: Lessons for Bullying Prevention, National Academy of Sciences Report; Michele P. Hamm et al., "Prevalence and Effect of Cyberbullying on Children and Young People," *JAMA Pediatrics,* Aug. 2015; Robin M. Kowalski et al., "Bullying in the Digital Age: A Critical Review and Meta-analysis of Cyberbullying Research Among Youth," *Psychological Bulletin* 140 (2014): 1073–1137; and Robert Tokunaga, "Following You Home from School: A Critical Review and Synthesis of Research on Cyberbullying Victimization," *Computers in Human Behavior* 26 (2010): 277–287.

33. 情绪通常会在达到最大强度水平后减弱。Philippe Verduyn, Iven Van Mechelen, and Francis Tuerlinckx, "The Relation Between Event Processing and the Duration of Emotional Experience," *Emotion* 11 (2011): 20–28; and Philippe Verduyn et al., "Predicting the Duration of Emotional Experience: Two Experience Sampling Studies," *Emotion* 9 (2009): 83–91.

34. Caitlin McLaughlin and Jessica Vitak, "Norm Evolution and Violation on Facebook," *New Media and Society* 14 (2012): 299–315; and Emily M. Buehler, " 'You Shouldn't Use Facebook for That': Navigating Norm Violations While Seeking Emotional Support on Facebook," *Social Media and Society* 3 (2017): 1–11.

35. Jiyoung Park et al., "When Perceptions Defy Reality: The Relationships Between Depression and Actual and Perceived Facebook Social Support," *Journal of Affective Disorders* 200 (2016): 37–44.

36. 关于表现自我在日常生活中所扮演角色的两个经典解释，参见 Erving Goffman, *The Presentation of Self in Everyday Life* (Garden City, NY: Doubleday, 1959); and Mark R. Leary and Robin M. Kowalski, "Impression Management: A Literature Review and Two-Component Model," *Psychological Bulletin* 107 (1990): 34–47。

37. 兰迪·扎克伯格（Randi Zuckerberg）在接受《纽约时报》采访时，很好地捕捉到了脸书这方面的特点。记者问她："你对脸书的什么方面最有负疚感？""我是个营销者，"她答道，"有时候我几乎无法把它从我的个人生活中移除。有朋友打电话和我说：'你的生活看起来棒极了。'我告诉他们：'作为营销大师，我只会发布那些精彩的瞬间。'" Susan Dominus, "Randi Zuckerberg: 'I Really Put Myself Out There,'" *New York Times,* Nov. 1, 2013, www.nytimes.com/2013/11/03/magazine/randi-zuckerberg-i-really-put-myself-out-there.html.

38. Amy L. Gonzales and Jeffrey T. Hancock, "Mirror, Mirror on My Facebook Wall: Effects of Exposure to Facebook on Self-Esteem," *Cyberpsychology, Behavior, and Social Networking* 14 (2011): 79–83.

39. Leon Festinger, "A Theory of Social Comparison Processes," *Human Relations* 7 (1954): 117– 140; and Katja Corcoran, Jan Crusius, and Thomas Mussweiler, "Social Comparison: Motives, Standards, and Mechanisms," in *Theories in Social Psychology,* ed. D. Chadee (Oxford: Wiley-Blackwell, 2011), 119–139. 有时候我们会与他人比较，看看自己在某个特定领域是否具有优势。其他时候，这会让我们（通过与表面上"不如"我们的人进行比较）感觉更好，或者是（通过与表面上"优于"我们

的人进行比较）用来辨别我们该怎样改善自己所关心的生活的某些方面。还有证据表明，将自己与他人进行比较是衡量和获取有关自我信息的有效方式。

40. Verduyn et al., "Passive Facebook Usage Undermines Affective Well-Being."

我们越纠结于自己的生活比别人差，后果就越糟糕。举个恰当的例子：一项针对 268 名年轻人展开的纵向研究发现，人们越是在脸书上与他人进行消极攀比，反刍就越多，就越会感到沮丧。Feinstein et al., "Negative Social Comparison on Facebook and Depressive Symptoms," *Psychology of Popular Media Culture* 2 (2013): 161–170.

Also see Melissa G. Hunt et al., "No More FOMO: Limiting Social Media Decreases Loneliness and Depression," *Journal of Social and Clinical Psychology* 37 (2018): 751–768; Morten Tromholt, "The Facebook Experiment: Quitting Facebook Leads to Higher Levels of Well-Being," *Cyberpsychology, Behavior, and Social Networking* 19 (2016): 661–666; R. Mosquera et al., "The Economic Effects of Facebook," *Experimental Economics* (2019); Holly B. Shakya and Nicholas A. Christakis, "Association of Facebook Use with Compromised Well-Being: A Longitudinal Study," *American Journal of Epidemiology* 185 (2017): 203–211; and Cesar G. Escobar-Viera et al., "Passive and Active Social Media Use and Depressive Symptoms Among United States Adults," *Cyberpsychology, Behavior, and Social Networking* 21 (2018): 437–443.

研究也开始证明，这些发现是怎样泛化到照片墙等其他社交媒体平台上的。Eline Frison and Steven Eggermont, "Browsing, Posting, and Liking on Instagram: The Reciprocal Relationships Between Different Types of Instagram Use and Adolescents' Depressed Mood," *Cyberpsychology, Behavior, and Social Networking* 20 (2017): 603–609.

41. 嫉妒的负面后果公认已久。然而，嫉妒不全是坏事。少量的嫉妒可以激励我们进行自我提升：Jens Lange, Aaron Weidman, and Jan Crusius, "The Painful Duality of Envy: Evidence for an Integrative Theory and a Meta-analysis on the Relation of Envy and Schadenfreude," *Journal of Personality and Social Psychology* 114 (2018): 572–598.

42. 关于我们为什么置社交媒体的负面影响于不顾，还继续使用它的额外理由包括：（1）我们有想要与社区里发生的事情保持同步的渴望，它可能会超越我们在任何既定时刻中关于自我感觉良好的愿望；（2）获得他人反馈的渴望；（3）人们经常会错误地判断使用脸书会带给他们什么样的感觉［也就是说，我们只关注了社交媒体带来的潜在好处，却忽视了（甚至一开始就没意识到）它潜在的危害]。For discussion, see Ethan Kross and Susannah Cazaubon, "How Does Social Media Influence People's Emotional Lives?," in *Applications of Social Psychology: How Social Psychology Can Contribute to the Solution of Real-World Problems,* eds. J. Forgas, William D. Crano, and Klaus Fiedler (New York: Routledge-Psychology Press, 2020), 250–264.

43. Diana I. Tamir and Jason P. Mitchell, "Disclosing Information About the Self Is Intrinsically Rewarding," *Proceedings of the National Academy of Sciences of the United States of America* 109 (2012): 8038–8043.

44. Geoff MacDonald and Mark R. Leary, "Why Does Social Exclusion Hurt? The Relationship Between Social and Physical Pain," *Psychological Bulletin* 131 (2005): 202–223; Naomi I. Eisenberger, Matthew D. Lieberman, and Kipling D. Williams, "Does Rejection Hurt? An fMRI Study of Social Exclusion," *Science* 302 (2003): 290–292.

45. Ethan Kross et al., "Social Rejection Shares Somatosensory Representations with Physical Pain," *Proceedings of the National Academy of Sciences of the United States of America* 108 (2011): 6270–6275.

46. https://www.health.ny.gov/statistics/vital_statistics/2007/table02.htm.

47. Naomi I. Eisenberger and Steve W. Cole, "Social Neuroscience and Health: Neurophysiological Mechanisms Linking Social Ties with Physical Health," *Nature Neuroscience* 15 (2012): 669–674; and Gregory Miller, Edith Chen, and Steve W. Cole, "Health Psychology: Developing Biologically Plausible Models Linking the Social World and Physical Health," *Annual Review of Psychology* 60 (2009): 501–524.

48. Michele Hellebuyck et al., "Workplace Health Survey," Mental Health America, www.mhanational.org/sites/default/files/Mind%20the%20Workplace%20-%20MHA%20Workplace%20Health%20Survey%202017%20FINAL.pdf.

49. 固执性认知通常表现为口头反刍和担忧（见引言）的形式。关于固执性认知怎样延长压力反应的解释，参见 Brosschot, Gerin, and Thayer, "Perseverative Cognition Hypothesis"; Jos F. Brosschot, "Markers of Chronic Stress: Prolonged Physiological Activation and (Un)conscious Perseverative Cognition," *Neuroscience and Biobehavioral Reviews* 35 (2010): 46–50; and Cristina Ottaviani et al., "Physiological Concomitants of Perseverative Cognition: A Systematic Review and Meta-analysis," *Psychological Bulletin* 142 (2016): 231–259.

50. Andrew Steptoe and Mika Kivimaki, "Stress and Cardiovascular Disease," *Nature Reviews Cardiology* 9 (2012): 360–370; Suzanne C. Segerstrom and Gregory E. Miller,

"Psychological Stress and the Human Immune System: A Metaanalytic Study of 30 Years of Inquiry," *Psychological Bulletin* 130 (2004): 601–630; Bruce S. McEwen, "Brain on Stress: How the Social Environment Gets Under the Skin," *Proceedings of the National Academy of Sciences of the United States of America* 109 (2012): 17180–17185; Ronald Glaser and Janice Kiecolt-Glaser, "Stress-Induced Immune Dysfunction: Implications for Health," *Nature Reviews Immunology* 5 (2005): 243–251; Edna Maria Vissoci Reiche, Sandra Odebrecht Vargas Nunes, and Helena Kaminami Morimoto, "Stress, Depression, the Immune System, and Cancer," *Lancet Oncology* 5 (2004): 617–625; A. Janet Tomiyama, "Stress and Obesity," *Annual Review of Psychology* 70 (2019): 703–718; and Gregory E. Miller et al., "A Functional Genomic Fingerprint of Chronic Stress in Humans: Blunted Glucocorticoid and Increased NF-κB Signaling," *Biological Psychiatry* 15 (2008): 266–272.

51. Julianne Holt-Lunstad, Timothy B. Smith, and J. Bradley Layton, "Social Relationships and Mortality Risk: A Meta-analytic Review," *PLOS Medicine* 7 (2010): e1000316.

52. Susan Nolen-Hoeksema and Edward R. Watkins, "A Heuristic for Developing Transdiagnostic Models of Psychopathology: Explaining Multifinality and Divergent Trajectories," *Perspectives on Psychological Science* 6 (2011): 589–609; Katie A. McLaughlin et al., "Rumination as a Transdiagnostic Factor Underlying Transitions Between Internalizing Symptoms and Aggressive Behavior in Early Adolescents," *Journal of Abnormal Psychology* 123(2014): 13–23; Edward R. Watkins, "Depressive Rumination and Co-morbidity: Evidence for Brooding as a Transdiagnostic Process," *Journal of Rational-Emotive and Cognitive-Behavior Therapy* 27 (2009): 160–75; Douglas S. Mennin and David M. Fresco, "What, Me Worry and Ruminate About DSM-5 and RDoC? The Importance of Targeting Negative Self-Referential Processing," *Clinical Psychology: Science and Practice* 20 (2013): 258–267; and Brosschot, "Markers of Chronic Stress."

53. 在基因表达和演奏乐器之间建立联系时，我援引了以下资料：Jane Qiu, "Unfinished Symphony," *Nature* 441 (2006): 143–145; and University of Texas Health Science Center at San Antonio, "Study Gives Clue as to How Notes Are Played on the Genetic Piano," *EurekAlert!,* May 12, 2011, www.eurekalert.org/pub_releases/2011-05/uoth-sgc051011.php.

54. Steven W. Cole, "Social Regulation of Human Gene Expression," *American Journal of Public Health* 103 (2013): S84–S92. 我还引用了作者在斯坦福大学的演讲："Meng-Wu Lecture" (lecture delivered at the Center for Compassion and Altruism

Research and Education, Nov. 12, 2013), ccare.stanford.edu/videos/meng-wu-lecture-steve-cole-ph-d/.

55. George M. Slavich and Michael R. Irwin, "From Stress to Inflammation and Major Depressive Disorder: A Social Signal Transduction Theory of Depression," *Psychological Bulletin* 140 (2014): 774–815; Steve W. Cole et al., "Social Regulation of Gene Expression in Human Leukocytes," *Genome Biology* 8 (2007): R189; and Gregory E. Miller, Edith Chen, and Karen J. Parker, "Psychological Stress in Childhood and Susceptibility to the Chronic Diseases of Aging: Moving Towards a Model of Behavioral and Biological Mechanisms," *Psychological Bulletin* 137 (2011): 959–997.

56. 喋喋不休还以另一种通过端粒的方式，将触角延伸到我们的 DNA（脱氧核糖核酸）中。端粒是染色体末端的"小帽子"，它保护 DNA 以不影响我们健康和长寿的方式进行分解。端粒如果过短，就会导致许多与年龄相关的疾病。幸好，我们体内都有一种叫作端粒酶的化学物质，它能够维护端粒的长度。问题是，像皮质醇这样的压力激素会消耗我们体内的该种化学物质，加快端粒变短的速度。

2004 年，埃利萨·埃佩尔、诺贝尔生理学或医学奖得主伊丽莎白·布莱克本及其同事们发表了一项里程碑式的研究。他们探究了十月怀胎期间女性对压力的感受与端粒长度间的关系。不出所料，研究人员发现，女性感到的压力越大——当然，压力是喋喋不休的诱因，而喋喋不休是慢性压力的驱动因素——她们的端粒就越短。更引人注目的是，如果把端粒长度与寿命直接挂钩，压力最大的女性要比压力最小的女性短命 10 年。Elissa S. Epel et al., "Accelerated Telomere Shortening in Response to Life Stress," *Proceedings of the National Academy of Sciences* 101 (2004): 17312–17315.

有关详细的综述，参见 Elizabeth H. Blackburn and Elissa S. Epel, *The Telomere Effect* (New York: Grand Central Publishing, 2017)。Also see Elizabeth Blackburn, Elissa S. Epel, and Jue Lin, "Human Telomere Biology: A Contributory and Interactive Factor in Aging, Disease Risks, and Protection," *Science* 350 (2015): 1193–1198; and Kelly E. Rentscher et al., "Psychosocial Stressors and Telomere Length: A Current Review of the Science," *Annual Review of Public Health* 41 (2020): 223–245.

57. Matt Kelly, "This Thirty-Nine-Year-Old Is Attempting a Comeback," MLB.com, August 2, 2018, https://www.mlb.com/news/rick-ankiel-to-attempt-comeback-c288544452 (retrieved February 9, 2020).

第三章 外部视角与心理距离

1. 为了不透露我以前学生的姓名，我修改了这个故事中的人名和其他一些细节。故事的其他方面都是真实的。我还查阅了一份公开发表的人物通讯录，为了保护她的匿名权，在此不注明出处。

2. Ethan Kross et al., "Coping with Emotions Past: The Neural Bases of Regulating Affect Associated with Negative Autobiographical Memories," *Biological Psychiatry* 65 (2009): 361–366; and Ayna Baladi Nejad, Philippe Fossati, and Cedric Lemogne, "Self-Referential Processing, Rumination, and Cortical Midline Structures in Major Depression," *Frontiers in Human Neuroscience* 7 (2013): 666.

3. Ethan Kross and Özlem Ayduk, "Self-Distancing: Theory, Research, and Current Directions," in *Advances in Experimental Social Psychology*, eds. J. Olson and M. Zanna (Amsterdam: Elsevier, 2017), 81–136; and John P. Powers and Kevin S. LaBar, "Regulating Emotion Through Distancing: A Taxonomy, Neurocognitive Model, and Supporting Meta-analysis," *Neuroscience and Biobehavioral Reviews* 96 (2019): 155–173.

4. 有关心理免疫系统概念的介绍，参见 Daniel T. Gilbert et al., "Immune Neglect: A Source of Durability Bias in Affective Forecasting," *Journal of Personality and Social Psychology* 75 (1998): 617–638。

5. Walter Mischel, *The Marshmallow Test: Mastering Self-Control* (New York: Little, Brown, 2014); and Walter Mischel, Yuichi Shoda, and Monica Rodriguez, "Delay of Gratification in Children," *Science* 244 (1989): 933–938.

6. Özlem Ayduk, Walter Mischel, and Geraldine Downey, "Attentional Mechanisms Linking Rejection to Hostile Reactivity: The Role of 'Hot' Versus 'Cool' Focus," *Psychological Science* 13 (2002): 443–448. Also see Cheryl L. Rusting and Susan Nolen-Hoeksema, "Regulating Responses to Anger: Effects of Rumination and Distraction on Angry Mood," *Journal of Personality and Social Psychology* 74 (1998): 790–803.

7. Ethan Kross and Özlem Ayduk, "Facilitating Adaptive Emotional Analysis: Distinguishing Distanced-Analysis of Depressive Experiences from Immersed-Analysis and Distraction," *Personality and Social Psychology Bulletin* 34 (2008): 924–938.

8. Aaron T. Beck, "Cognitive Therapy: Nature and Relation to Behavior Therapy," *Behavior Therapy* 1 (1970): 184–200. Also see Rick E. Ingram and Steven Hollon, "Cognitive Therapy for Depression from an Information Processing Perspective," in *Personality, Psychopathology, and Psychotherapy Series: Information Processing Approaches to Clinical Psy-*

chology, ed. R. E. Ingram (San Diego: Academic Press, 1986), 259–281.

9. 有关逃避行为有害影响的经典研究综述，参见 Edna B. Foa and Michael J. Kozak, "Emotional Processing of Fear: Exposure to Corrective Information," *Psychological Bulletin* 99 (1986): 20–35。正如我在文中提到的，人们可以通过抽离来实现不同的目标（也就是说，避开情绪、有意识地接受它们，处理并分析这些情绪）。就像你既可以用锤子把钉子钉进墙里，也可以把它撬出来，抽离也有多种应用。和其他工具一样，它是有用还是有害取决于人们怎样以及为什么使用它。本章这一节里的研究综述中，我关注的语境是那些表明抽离有益的研究：它能帮助人们积极地反思并理解其负面经历。有关这些问题更详细的讨论，参见结论部分及 Ethan Kross and Özlem Ayduk, "Self- Distancing: Theory, Research, and Current Directions."

10. Georgia Nigro and Ulric Neisser, "Point of View in Personal Memories," *Cognitive Psychology* 15 (1983): 467–482; John A. Robinson and Karen L. Swanson, "Field and Observer Modes of Remembering," *Memory* 1 (1993): 169–184. 人们倾向于从自我沉浸 / 第一人称视角来回忆强烈的负面经历：Arnaud D' Argembau, "Phenomenal Characteristics of Autobiographical Memories for Positive, Negative, and Neutral Events," *Applied Cognitive Psychology* 17 (2003): 281–294; and Heather K. McIsaac and Eric Eich, "Vantage Point in Episodic Memory," *Psychonomic Bulletin and Review* 9 (2002): 146–150. 然而，人们更有可能从自我抽离 / 观察者的角度来回忆有关创伤和自我意识的经历：Lucy M. Kenny et al., "Distant Memories: A Prospective Study of Vantage Point of Trauma Memories," *Psychological Science* 20 (2009): 1049–1052; and Meredith E. Coles et al., "Effects of Varying Levels of Anxiety Within Social Situations: Relationship to Memory Perspective and Attributions in Social Phobia," *Behaviour Research and Therapy* 39 (2001): 651–665. 关于这一区别对情绪调节的意义的讨论，参见 Ethan Kross and Özlem Ayduk, "Self-Distancing: Theory, Research, and Current Directions."

11. Ethan Kross, Özlem Ayduk, and Walter Mischel, "When Asking 'Why' Does Not Hurt: Distinguishing Rumination from Reflective Processing of Negative Emotions," *Psychological Science* 16 (2005): 709–715.

12. 我引用的语言流的诸多例子来自 Ethan Kross and Özlem Ayduk, "Making Meaning out of Negative Experiences by Self-Distancing," *Current Directions in Psychological Science* 20 (2011): 187–191.

13. Özlem Ayduk and Ethan Kross, "Enhancing the Pace of Recovery: Self-Distanced Analysis of Negative Experiences Reduces Blood Pressure Reactivity," *Psychological Science* 19

(2008): 229–231. Also see Rebecca F. Ray, Frank H. Wilhelm, and James J. Gross, "All in the Mind's Eye? Anger Rumination and Reappraisal," *Journal of Personality and Social Psychology* 94 (2008): 133–145.

14. Brittany M. Christian et al., "When Imagining Yourself in Pain, Visual Perspective Matters: The Neural and Behavioral Correlates of Simulated Sensory Experiences," *Journal of Cognitive Neuroscience* 27 (2015): 866–875.

15. Dominik Mischkowski, Ethan Kross, and Brad Bushman, "Flies on the Wall Are Less Aggressive: Self-Distancing 'in the Heat of the Moment' Reduces Aggressive Thoughts, Angry Feelings, and Aggressive Behavior," *Journal of Experimental Social Psychology* 48 (2012): 1187–1191. Also see Tamara M. Pfeiler et al., "Adaptive Modes of Rumination: The Role of Subjective Anger," *Cognition and Emotion* 31 (2017): 580–589.

16. Ethan Kross et al., "'Asking Why' from a Distance: Its Cognitive and Emotional Consequences for People with Major Depressive Disorder," *Journal of Abnormal Psychology* 121 (2012): 559–569; Ethan Kross and Özlem Ayduk, "Boundary Conditions and Buffering Effects: Does Depressive Symptomology Moderate the Effectiveness of Distanced-Analysis for Facilitating Adaptive Self-Reflection?," *Journal of Research in Personality* 43 (2009): 923–927; Emma Travers-Hill et al., "Beneficial Effects of Training in Self-Distancing and Perspective Broadening for People with a History of Recurrent Depression," *Behaviour Research and Therapy* 95 (2017): 19–28. 关于抽离的临床意义的研究综述，以及它在不同情况下如何发挥作用的讨论，参见 Ethan Kross and Özlem Ayduk, "Self-Distancing: Theory, Research, and Current Directions."

17. Louis A. Penner et al., "Self-Distancing Buffers High Trait Anxious Pediatric Cancer Caregivers Against Short- and Longer-Term Distress," *Clinical Psychological Science* 4 (2016): 629–640.

18. Philippe Verduyn et al., "The Relationship Between Self-Distancing and the Duration of Negative and Positive Emotional Experiences in Daily Life," *Emotion* 12 (2012): 1248–1263. 关于证明抽离减少了积极影响的这一发现的概念性重复实验，参见 June Gruber, Allison G. Harvey, and Sheri L. Johnson, "Reflective and Ruminative Processing of Positive Emotional Memories in Bipolar Disorder and Healthy Controls," *Behaviour Research and Therapy* 47 (2009): 697–704。关于支持抽离带来的延迟好处的实验数据，参见 Kross and Ayduk, "Facilitating Adaptive Emotional Analysis."

19. Özlem Ayduk and Ethan Kross, "From a Distance: Implications of Spontaneous Self-

Distancing for Adaptive Self-Reflection," *Journal of Personality and Social Psychology* 98 (2010): 809– 829.

20. Ray, Wilhelm, and Gross, "All in the Mind's Eye?"
21. Patricia E. Schartau, Tim Dalgleish, and Barnaby D. Dunn, "Seeing the Bigger Picture: Training in Perspective Broadening Reduces Self-Reported Affect and Psychophysiological Response to Distressing Films and Autobiographical Memories," *Journal of Abnormal Psychology* 118 (2009): 15–27.
22. Joshua Ian Davis, James J. Gross, and Kevin N. Ochsner, "Psychological Distance and Emotional Experience: What You See Is What You Get," *Emotion* 11 (2011): 438–444.
23. David S. Yeager et al., "Boring but Important: A Self-Transcendent Purpose for Learning Fosters Academic Self-Regulation," *Journal of Personality and Social Psychology* 107 (2014): 558–580.
24. John S. Knox, "Solomon," *Ancient History Encyclopedia,* Jan. 25, 2017, www.ancient.eu/solomon/.
25. Robert Alter, *The Hebrew Bible: A Translation with Commentary* (New York: W. W. Norton, 2018).
26. Igor Grossmann and Ethan Kross, "Exploring Solomon's Paradox: Self-Distancing Eliminates the Self-Other Asymmetry in Wise Reasoning About Close Relationships in Younger and Older Adults," *Psychological Science* 25 (2014): 1571–1580.
27. Doris Kearns Goodwin, *Team of Rivals*(New York: Simon & Schuster, 2005).
28. Igor Grossmann, "Wisdom in Context," *Perspectives on Psychological Science* 12 (2017): 233–257.
29. Igor Grossmann et al., "Reasoning About Social Conflicts Improves into Old Age," *PNAS* 107 (2010): 7246–7250. Also see Darrell A. Worthy et al., "With Age Comes Wisdom: Decision Making in Younger and Older Adults," *Psychological Science* 22 (2011): 1375–1380.
30. Grossmann and Kross, "Exploring Solomon's Paradox"; and Alex C. Huynh et al., "The Wisdom in Virtue: Pursuit of Virtue Predicts Wise Reasoning About Personal Conflicts," *Psychological Science* 28 (2017): 1848–1856.
31. 这种倾向被称为忽略偏见。Ilana Ritov and Jonathan Baron, "Reluctance to Vaccinate: Omission Bias and Ambiguity," *Journal of Behavioral Decision Making* 3 (1990): 263–277.
32. 该研究包括三种不同的情况，但在其中，人们都被要求为他人而非自己做医疗决定。参与者被随机分配以下角色：为病人做决定的医生、为所有病人制定治疗政策的医疗主任或者是为孩子做决定的父母。在这些“为他人做决定”的情况中，与为自己做决定相比，每个人都做出了相同甚至更优的判断。为了撰写书稿，我计算了三种情况下的全部应答率的平均值。Brian J. Zikmund-Fisher et al., “A Matter of Perspective: Choosing for Others Differs from Choosing for Yourself in Making Treatment Decisions,” *Journal of General Internal Medicine* 21 (2006): 618–622.

33. Global Cancer Observatory, “Globocan 2018,” International Agency for Research on Cancer, World Health Organization, 1, gco.iarc.fr/today/data/factsheets/cancers/39-All-cancers-fact-sheet.pdf.

34. Daniel Kahneman, *Thinking, Fast and Slow* (New York: Farrar, Straus and Giroux, 2011).

35. Qingzhou Sun et al., “Self-Distancing Reduces Probability-Weighting Biases,” *Frontiers in Psychology* 9 (2018): 611.

36. Jun Fukukura, Melissa J. Ferguson, and Kentaro Fujita, “Psychological Distance Can Improve Decision Making Under Information Overload via Gist Memory,” *Journal of Experimental Psychology: General* 142 (2013): 658–665.

37. Evan Polman, “Self-Other Decision Making and Loss Aversion,” *Organizational Behavior and Human Decision Processes* 119 (2012): 141–150; Flavia Mengarelli et al., “Economic Decisions for Others: An Exception to Loss Aversion Law,” *PLoS One* 9 (2014): e85042; and Ola Andersson et al., “Deciding for Others Reduces Loss Aversion,” *Management Science* 62 (2014): 29–36.

38. Ethan Kross and Igor Grossmann, “Boosting Wisdom: Distance from the Self Enhances Wise Reasoning, Attitudes, and Behavior,” *Journal of Experimental Psychology: General* 141 (2012): 43–48.

39. Özlem Ayduk and Ethan Kross, “From a Distance: Implications of Spontaneous Self-Distancing for Adaptive Self-Reflection.”

40. Eli J. Finkel et al., “A Brief Intervention to Promote Conflict Reappraisal Preserves Marital Quality over Time,” *Psychological Science* 24 (2013): 1595–1601.

41. For review, see Dan P. McAdams and Kate C. McLean, “Narrative Identity,” *Current Directions in Psychological Science* 22 (2013): 233–238.

42. Emma Bruehlman-Senecal and Özlem Ayduk, “This Too Shall Pass: Temporal Distance and the Regulation of Emotional Distress,” *Journal of Personality and Social Psychology* 108 (2015): 356–375. Also see Emma Bruehlman-Senecal, Özlem Ayduk, and Oliver

P. John, "Taking the Long View: Implications of Individual Differences in Temporal Distancing for Affect, Stress Reactivity, and Well-Being," *Journal of Personality and Social Psychology* 111 (2016): 610–635; S. P. Ahmed, "Using Temporal Distancing to Regulate Emotion in Adolescence: Modulation by Reactive Aggression," *Cognition and Emotion* 32 (2018): 812–826; and Alex C. Huynh, Daniel Y. J. Yang, and Igor Grossmann, "The Value of Prospective Reasoning for Close Relationships," *Social Psychological and Personality Science* 7 (2016): 893–902.

43. For reviews, see James W. Pennebaker, "Writing About Emotional Experiences as a Therapeutic Process," *Psychological Science* 8 (1997): 162–166; James W. Pennebaker and Cindy K. Chung, "Expressive Writing: Connections to Physical and Mental Health," in *The Oxford Handbook of Health Psychology,* ed. H. S. Friedman (Oxford: Oxford University Press, 2011), 417–437; also see Eva-Maria Gortner, Stephanie S. Rude, and James W. Pennebaker, "Benefits of Expressive Writing in Lowering Rumination and Depressive Symptoms," *Behavior Therapy* 37 (2006): 292–303; Denise M. Sloan et al., "Expressive Writing Buffers Against Maladaptive Rumination," *Emotion* 8 (2008): 302–306; and Katherine M. Krpan et al., "An Everyday Activity as a Treatment for Depression: The Benefits of Expressive Writing for People Diagnosed with Major Depressive Disorder," *Journal of Affective Disorders* 150 (2013): 1148–1151.

44. Jiyoung Park, Özlem Ayduk, and Ethan Kross, "Stepping Back to Move Forward: Expressive Writing Promotes Self-Distancing," *Emotion* 16 (2016): 349–364. 正如帕克及其同事们讨论的那样，这并不意味着抽离是解释表达性写作有用的唯一因素。

第四章　抽离式自我对话：当"我"变成"你"

1. Also referred to as the "Baader-Meinhof phenomenon, Baader-Meinhof," *Oxford English Dictionary,* April 6, 2020, https://www.oed.com/view/Entry/250279.

2. Interview by Michael Wilbon. Henry Abbott, "LeBron James' Post-decision Interviews," ESPN, July 9, 2010, https://www.espn.com/blog/truehoop/post/_/id/17856/lebron-james-post-decision-interviews and Jim Gray, "LeBron James 'The Decision,' " ESPN, July 8, 2010, https://www.youtube.com/watch?v=bHSLw8DLm20.

3. Malala Yousafzai, interview by Jon Stewart, *The Daily Show with Jon Stewart,* Oct. 8, 2013.

4. Brooks Barnes, "Jennifer Lawrence Has No Appetite for Playing Fame Games," *New York Times,* Sept. 9, 2015.

5. Julius Caesar, *Caesar's Gallic War: With an Introduction, Notes, and Vocabulary by Francis W. Kelsey*, 7th ed. (Boston: Allyn and Bacon, 1895).
6. Henry Adams, *The Education of Henry Adams: An Autobiography* (Cambridge, MA: Massachusetts Historical Society, 1918).
7. Sally Dickerson and Margaret E. Kemeny, "Acute Stressors and Cortisol Responses: A Theoretical Integration and Synthesis of Laboratory Research," *Psychological Bulletin* 130 (2004): 355–391.
8. Ethan Kross et al., "Self-Talk as a Regulatory Mechanism: How You Do It Matters," *Journal of Personality and Social Psychology* 106 (2014): 304–324.
9. 关于历史综述和荟萃分析，参见 Allison M. Tackman et al., "Depression, Negative Emotionality, and Self-Referential Language: A Multi-lab, Multi-measure, and Multi-language-task Research Synthesis," *Journal of Personality and Social Psychology* 116 (2019): 817–834; and To'Meisha Edwards and Nicholas S. Holtzman, "A Meta-Analysis of Correlations Between Depression and First-Person Singular Pronoun Use," *Journal of Research in Personality* 68 (2017): 63–68。
10. 我在书稿中讨论的两项研究发表于我们对自我对话进行研究之后。然而，如前一条尾注中引用的论文所示，几十年前的研究已经揭示了第一人称单数代词的用法与负面情绪之间的联系。我把这些更新的研究作为证据，是因为它们是说明该种联系的强有力的证据。Tackman et al., "Depression, Negative Emotionality, and Self-Referential Language: A Multi-lab, Multi-measure, and Multi-language-task Research Synthesis"; and Johannes C. Eichstaedt et al., "Facebook Language Predicts Depression in Medical Records," *Proceedings of the National Academy of Sciences of the United States of America* 115 (2018): 11203–11208.
11. For reviews, see Ethan Kross and Özlem Ayduk, "Self-Distancing: Theory, Research, and Current Directions"; and Ariana Orvell et al., "Linguistic Shifts: A Relatively Effortless Route to Emotion Regulation?," *Current Directions in Psychological Science* 28 (2019): 567–573.
12. 值得一问的是，那些认为与第三人称无关的人使用"他们"是否会导致类似的结果。虽然没有直接测试这个想法，但是理论上，我们认为这一代词有同样的抽离和调节情绪的功能。
13. Kross et al., "Self-Talk as a Regulatory Mechanism"; Sanda Dolcos and Dolores Albarracin, "The Inner Speech of Behavioral Regulation: Intentions and Task Performance

Strengthen When You Talk to Yourself as a You," *European Journal of Social Psychology* 44 (2014): 636–642; and Grossmann and Kross, "Exploring Solomon's Paradox." 关于抽离式自我对话可体现益处的其他领域，参见 Celina Furman, Ethan Kross, and Ashley Gearhardt, "Distanced Self-Talk Enhances Goal Pursuit to Eat Healthier," *Clinical Psychological Science* 8 (2020): 366–373; Ariana Orvell et al., "Does Distanced Self-Talk Facilitate Emotion Regulation Across a Range of Emotionally Intense Experiences?," *Clinical Psychological Science* (in press); and Jordan B. Leitner et al., "Self-Distancing Improves Interpersonal Perceptions and Behavior by Decreasing Medial Prefrontal Cortex Activity During the Provision of Criticism," *Social Cognitive and Affective Neuroscience* 12 (2017): 534–543.

14. Ethan Kross et al., "Third-Person Self-Talk Reduces Ebola Worry and Risk Perception by Enhancing Rational Thinking," *Applied Psychology: Health and Well-Being* 9 (2017): 387–409.
15. Aaron C. Weidman et al., "Punish or Protect: How Close Relationships Shape Responses to Moral Violations," *Personality and Social Psychology Bulletin* 46 (2019).
16. Orvell et al., "Linguistic Shifts"; and Roman Jakobson, *Shifters, Verbal Categories, and the Russian Verb* (Cambridge, MA: Harvard University, Russian Language Project, Department of Slavic Languages and Literatures, 1957). For discussion, see Orvell et al., "Linguistic Shifts."
17. For discussion, see Orvell et al., "Linguistic Shifts."
18. Jason S. Moser et al., "Third-Person Self-Talk Facilitates Emotion Regulation Without Engaging Cognitive Control: Converging Evidence from ERP and fMRI," *Scientific Reports* 7 (2017): 1–9.
19. 同上。
20. Orvell et al., "Linguistic Shifts."
21. Robert Ito, "Fred Rogers's Life in 5 Artifacts," *New York Times,* June 5, 2018.
22. Jim Blascovich and Joe Tomaka, "The Biopsychosocial Model of Arousal Regulation," *Advances in Experimental Social Psychology* 28 (1996): 1–51; and Richard S. Lazarus and Susan Folkman, *Stress, Appraisal, and Coping* (New York: Springer, 1984).
23. For review, see Jeremy P. Jamieson, Wendy Berry Mendes, and Matthew K. Nock, "Improving Acute Stress Responses: The Power of Reappraisal," *Current Directions in Psychological Science* 22 (2013): 51–56. Also see Adam L. Alter et al., "Rising to the Threat: Reducing Stereotype Threat by Reframing the Threat as a Challenge," *Journal of Experimental Social Psychology* 46 (2010): 155–171; and Alison Wood Brooks, "Get Excited:

Reappraising Pre-performance Anxiety as Excitement," *Journal of Experimental Psychology: General* 143 (2014): 1144–1158.

24. Kross et al., "Self-Talk as a Regulatory Mechanism."

25. Jim Blascovich and Joe Tomaka, "The Biopsychosocial Model of Arousal Regulation"; Mark D. Seery, "Challenge or Threat? Cardiovascular Indexes of Resilience and Vulnerability to Potential Stress in Humans," *Neuroscience and Biobehavioral Reviews* 35 (2011): 1603–1610.

26. Lindsey Streamer et al., "Not I, but She: The Beneficial Effects of Self-Distancing on Challenge/ Threat Cardiovascular Responses," *Journal of Experimental Social Psychology* 70 (2017): 235–241.

27. Rachel E. White et al., "The 'Batman Effect': Improving Perseverance in Young Children," *Child Development* 88 (2017): 1563–1571. 斯蒂芬妮及其同事也在其他情况下研究了“蝙蝠侠效应”。在某一方向上，他们已经证明该工具可以提升5岁孩童的执行能力：Rachel E. White and Stephanie M. Carlson, "What Would Batman Do? Self-Distancing Improves Executive Function in Young Children," *Developmental Science* 19 (2016): 419–426. 在其他研究中，他们发现该工具对幼童以及弱势儿童尤其有效。这些孩子的特点是：当他们从事挫败性且没有解决方案的任务时，会表现出较低的自制力水平。Amanda Grenell et al., "Individual Differences in the Effectiveness of Self-Distancing for Young Children's Emotion Regulation," *British Journal of Developmental Psychology* 37 (2019): 84–100.

28. Julie B. Kaplow et al., "Out of the Mouths of Babes: Links Between Linguistic Structure of Loss Narratives and Psychosocial Functioning in Parentally Bereaved Children," *Journal of Traumatic Stress* 31 (2018): 342–351.

29. Robert L. Leahy, "Emotional Schema Therapy: A Bridge over Troubled Waters," in *Acceptance and Mindfulness in Cognitive Behavior Therapy: Understanding and Applying New Therapies,* ed. J. D. Herbert and E. M. Forman (Hoboken, NJ: John Wiley & Sons, 2011), 109–131; and Blake E. Ashforth and Glen E. Kreiner, "Normalizing Emotion in Organizations: Making the Extraordinary Seem Ordinary," *Human Resource Management Review* 12 (2002): 215–235.

30. Sheryl Sandberg Facebook Post About Her Husband's Death, Facebook, June 3, 2015, www.facebook.com/sheryl/posts/10155617891025177:0. Also see Sheryl Sandberg in conversation with Oprah Winfrey, *Super Soul Sunday,* June 25, 2017, http://www.

oprah.com/own-super-soul-sunday/the-daily-habit-the-helped-sheryl-sandberg-heal-after-tragedy-video.

31. Park, Ayduk, and Kross, "Stepping Back to Move Forward."
32. Ariana Orvell, Ethan Kross, and Susan Gelman, "How 'You' Makes Meaning," *Science* 355 (2017): 1299–1302. Also see Ariana Orvell, Ethan Kross, and Susan Gelman, "Lessons Learned: Young Children's Use of Generic-You to Make Meaning from Negative Experiences," *Journal of Experimental Psychology: General* 148 (2019): 184–191.
33. Orvell et al., "Linguistic Shifts."
34. Orvell, Kross, and Gelman, "How 'You' Makes Meaning."

第五章 利用社交关系强化正向思维

1. Steven Gray, "How the NIU Massacre Happened," *Time,* Feb. 16, 2008, content.time.com/time/nation/article/0,8599,1714069,00.html.
2. Amanda M. Vicary and R. Chris Fraley, "Student Reactions to the Shootings at Virginia Tech and Northern Illinois University: Does Sharing Grief and Support over the Internet Affect Recovery?," *Personality and Social Psychology Bulletin* 36 (2010): 1555–1563; report of the February 14, 2008, shootings at Northern Illinois University, https://www.niu.edu/forward/_pdfs/archives/feb14report.pdf; Susan Saulny and Monica Davey, "Gunman Kills at Least 5 at U.S. College," *New York Times,* Feb. 15, 2008; and Cheryl Corley and Scott Simon, "NIU Students Grieve at Vigil," NPR, Feb. 16, 2008, https://www.npr.org/templates/story/story.php?storyId=19115808&t=1586343329323.
3. Vicary and Fraley, "Student Reactions to the Shootings at Virginia Tech and Northern Illinois University."
4. Mark D. Seery et al., "Expressing Thoughts and Feelings Following a Collective Trauma: Immediate Responses to 9/11 Predict Negative Outcomes in a National Sample," *Journal of Consulting and Clinical Psychology* 76 (2008): 657–667. "9 · 11" 事件后用来衡量情感表达指标的方法包括一组鼓励参与者分享他们对 "9 · 11" 事件看法的开放式量表。作者用该量表来作为评估人们向他人表达情绪倾向的替代品（第 663、665 页）。重要的是，作者证明了完成开放式量表的人在遭受袭击后有寻求更多情感支持并向他人宣泄更多的表现（第 664 页）。

   欲了解表达情绪并非一直有益的观点的其他资源，参见 Richard McNally, Richard J. Bryant, and Anke Ehlers, "Does Early Psychological Intervention Promote

Recovery from Posttraumatic Stress?," *Psychological Science in the Public Interest* 4 (2003): 45–79; Arnold A. P. van Emmerik et al., "Single Session Debriefing After Psychological Trauma: A Metaanalysis," *Lancet* 360 (2002): 766–771; George A. Bonanno, "Loss, Trauma, and Human Resilience: Have We Underestimated the Human Capacity to Thrive After Extremely Aversive Events?," *American Psychologist* 59 (2004): 20–28; Bushman, "Does Venting Anger Feed or Extinguish the Flame?"; Bushman et al., "Chewing on It Can Chew You Up"; and Rimé, "Emotion Elicits the Social Sharing of Emotion."

5. Aristotle, *Poetics* (Newburyport, MA: Pullins, 2006). Also see, Brad J. Bushman, "Catharsis of Aggression," in *Encyclopedia of Social Psychology,* ed. Roy F. Baumeister and Kathleen D. Vohs (Thousand Oaks, CA: Sage, 2007), 135–137; and The Editors of *Encyclopaedia Britannica,* "Catharsis," *Encyclopaedia Britannica.*
6. Josef Breuer and Sigmund Freud, *Studies on Hysteria, 1893–1895* (London: Hogarth Press, 1955).
7. 我借鉴了伯纳德·里姆对成长发育的过程在情绪调节中所扮演角色的出色总结，以此来为该章节的人际交往做注。Rimé, "Emotion Elicits the Social Sharing of Emotion."
8. Roy F. Baumeister and Mark R. Leary, "The Need to Belong: Desire for Interpersonal Attachments as a Fundamental Human Motivation," *Psychological Bulletin* 117 (1995): 497–529.
9. Shelley E. Taylor, "Tend and Befriend: Biobehavioral Bases of Affiliation Under Stress," *Current Directions in Psychological Science* 15 (2006): 273–77.
10. 研究表明，只要想到关心他人，激活他们在自己心中的样子，就足以激活一个人内心的"教练"，它就像人们头脑里的脚本。心理学家马里奥·米库利茨和菲利普·谢弗（Phillip Shaver）是依恋研究领域的两位先驱，根据他们的说法，无言的心理脚本是这样的："如果我遇到障碍、变得痛苦，我可以向另一半求助；他/她很有可能提供支持；我会因为亲近此人而感到解脱并获得安慰；然后我就可以继续投入其他活动了。" Mario Mikulincer et al., "What's Inside the Minds of Securely and Insecurely Attached People? The Secure-Base Script and Its Associations with Attachment-Style Dimensions," *Journal of Personality and Social Psychology* 97 (2002): 615–633.

    2015年，脚本的理念在我和同事、康奈尔大学心理学家薇薇安·萨亚斯

(Vivian Zayas)及其学生进行的一系列研究中发挥了作用。这些研究检测了浏览依恋对象的照片是否有助于帮助人们管理喋喋不休。更确切地说，我们让人们想起一段能够引发喋喋不休的负面经历，然后让他们看自己母亲或他人母亲的照片。正如米库利茨和谢弗预测的那样，看看母亲的照片就可以减轻情感痛苦——他们认为自己感觉好多了。Emre Selcuk et al., "Mental Representations of Attachment Figures Facilitate Recovery Following Upsetting Autobiographical Memory Recall," *Journal of Personality and Social Psychology* 103 (2012): 362–378.

11. Christelle Duprez et al., "Motives for the Social Sharing of an Emotional Experience," *Journal of Social and Personal Relationships* 32 (2014): 757–787. Also see Lisanne S. Pauw et al., "Sense or Sensibility? Social Sharers' Evaluations of Socio-affective vs. Cognitive Support in Response to Negative Emotions," *Cognition and Emotion* 32 (2018): 1247–1264.

12. Lisanne S. Pauw et al., "I Hear You (Not): Sharers' Expressions and Listeners' Inferences of the Need for Support in Response to Negative Emotions," *Cognition and Emotion* 33 (2019): 1129–1243.

13. Amanda J. Rose, "Co-rumination in the Friendships of Girls and Boys," *Child Development* 73 (2002): 1830–1843; Jason S. Spendelow, Laura M. Simonds, and Rachel E. Avery, "The Relationship Between Co-rumination and Internalizing Problems: A Systematic Review and Meta-analysis," *Clinical Psychology and Psycho-therapy* 24 (2017): 512–527; Lindsey B. Stone et al., "Co-rumination Predicts the Onset of Depressive Disorders During Adolescence," *Journal of Abnormal Psychology* 120 (2011): 752–757; and Benjamin L. Hankin, Lindsey Stone, and Patricia Ann Wright, "Co-rumination, Interpersonal Stress Generation, and Internalizing Symptoms: Accumulating Effects and Transactional Influences in a Multi-wave Study of Adolescents," *Developmental Psychopathology* 22 (2010): 217–235. Also see Rimé, "Emotion Elicits the Social Sharing of Emotion."

14. 关于扩散激活理论在反刍中所起作用的讨论，参见 Rusting and Nolen-Hoeksema, "Regulating Responses to Anger."

15. Andrew C. High and James Price Dillard, "A Review and Meta-analysis of Person-Centered Messages and Social Support Outcomes," *Communication Studies* 63 (2012): 99–118; Frederic Nils and Bernard Rimé, "Beyond the Myth of Venting: Social Sharing Modes Determine Emotional and Social Benefits from Distress Disclosure," *European Journal of Social Psychology* 42 (2012): 672–681; Stephen J. Lepore et al., "It's Not That Bad: Social Challenges to Emotional Disclosure Enhance Adjustment to Stress," *Anxiety, Stress, and*

Coping 17 (2004): 341–361; Anika Batenburg and Enny Das, "An Experimental Study on the Effectiveness of Disclosing Stressful Life Events and Support Messages: When Cognitive Reappraisal Support Decreases Emotional Distress, and Emotional Support Is Like Saying Nothing at All," *PLoS One* 9 (2014): e114169; and Stephanie Tremmel and Sabine Sonnentag, "A Sorrow Halved? A Daily Diary Study on Talking About Experienced Workplace Incivility and Next-Morning Negative Affect," *Journal of Occupational Health Psychology* 23 (2018): 568–583.

16. Gal Sheppes, "Transcending the 'Good and Bad' and 'Here and Now' in Emotion Regulation: Costs and Benefits of Strategies Across Regulatory Stages," *Advances in Experimental Social Psychology* 61 (2020). 关于时间在社会交换中扮演的角色，更多讨论参见 Rimé, "Emotion Elicits the Social Sharing of Emotion."

17. Christopher S. Wren, "2 Give Up After Holding 42 Hostages in a Harlem Bank," *New York Times,* April 19, 1973; Barbara Gelb, "A Cool-Headed Cop Who Saves Hostages," *New York Times,* April 17, 1977; Gregory M. Vecchi et al., "Crisis (Hostage) Negotiation: Current Strategies and Issues in High-Risk Conflict Resolution," *Aggression and Violent Behavior* 10 (2005): 533–551; Gary Noesner, *Stalling for Time* (New York: Random House, 2010); "Police Negotiation Techniques from the NYPD Crisis Negotiations Team," Harvard Law School, Nov. 11, 2019, https://www.pon.harvard.edu/daily/crisis-negotiations/crisis-negotiations-and-negotiation-skills-insights-from-the-new-york-city-police-department-hostage-negotiations-team/.

18. Elaine O. Cheung, Wendi L. Gardner, and Jason F. Anderson, "Emotionships: Examining People's Emotion-Regulation Relationships and Their Consequences for Well-Being," *Social Psychological and Personality Science* 6 (2015): 407–414.

19. It Gets Better Project, itgetsbetter .org/; "How It All Got Started," https://itgetsbetter.org/blog/initiatives/how-it-all-got-started/; Brian Stelter, "Campaign Offers Help to Gay Youths," *New York Times,* Oct. 18, 2010; and Dan Savage, "Give'Em Hope," *The Stranger,* Sept. 23, 2010.

20. McNally, Bryant, and Ehlers, "Does Early Psychological Intervention Promote Recovery from Posttraumatic Stress?"; and van Emmerik et al., "Single Session Debriefing After Psychological Trauma."

21. 有关移情的文献综述，参见 Zaki, *War for Kindness;* de Waal and Preston, "Mammalian Empathy"; and Erika Weisz and Jamil Zaki, "Motivated Empathy: A Social Neurosci-

ence Perspective," *Current Opinion in Psychology* 24 (2018): 67–71。

22. 人际关系科学家奥什科什·拉斐利（Eshkol Rafaeli）和马西·格里森（Marci Gleason）为社会支持做了深刻的文献综述：Eshkol Rafaeli and Marci Gleason, "Skilled Support Within Intimate Relationships," *Journal of Family Theory and Review* 1 (2009): 20–37. 他们还详细讨论了显性支持可能适得其反的其他大量方式。他们指出，它可能会让人将注意力集中在压力源上，增强个人对伴侣的负债感，突出关系中的不平等，并且当支持中夹杂着批评（无论用意多么良好）时，都会被视为是有敌意的。
23. Niall Bolger, Adam Zuckerman, and Ronald C. Kessler, "Invisible Support and Adjustment to Stress," *Journal of Personality and Social Psychology* 79 (2000): 953–61. 有关上述结果的一个概念性重复实验，参见 Niall Bolger and David Amarel, "Effects of Social Support Visibility on Adjustment to Stress: Experimental Evidence," *Journal of Personality and Social Psychology* 92 (2007): 458–475。
24. Yuthika U. Girme et al., "Does Support Need to Be Seen? Daily Invisible Support Promotes Next Relationship Well-Being," *Journal of Family Psychology* 32 (2018): 882–893.
25. Yuthika U. Girme, Nickola C. Overall, and Jeffry A. Simpson, "When Visibility Matters: Short-Term Versus Long-Term Costs and Benefits of Visible and Invisible Support," *Personality and Social Psychology Bulletin* 39 (2013): 1441–1454.
26. Katherine S. Zee and Niall Bolger, "Visible and Invisible Social Support: How, Why, and When," *Current Directions in Psychological Science* 28 (2019): 314–320. Also see Katherine S. Zee et al., "Motivation Moderates the Effects of Social Support Visibility," *Journal of Personality and Social Psychology* 114 (2018): 735–765.
27. Brittany K. Jakubiak and Brooke C. Feeney, "Affectionate Touch to Promote Relational, Psychological, and Physical Well-Being in Adulthood: A Theoretical Model and Review of the Research," *Personality and Social Psychology Review* 21 (2016): 228–252.
28. Sander L. Koole, Mandy Tjew A. Sin, and Iris K. Schneider, "Embodied Terror Management: Interpersonal Touch Alleviates Existential Concerns Among Individuals with Low Self-Esteem," *Psychological Science* 25 (2014): 30–37.
29. Ibid.; and Kenneth Tai, Xue Zheng, and Jayanth Narayanan, "Touching a Teddy Bear Mitigates Negative Effects of Social Exclusion to Increase Prosocial Behavior," *Social Psychological and Personality Science* 2 (2011): 618–626.
30. Francis McGlone, Johan Wessberg, and Hakan Olausson, "Discriminative and Affective Touch: Sensing and Feeling," *Neuron* 82 (2014): 737–751. 关于 C 类纤维在社会支持中

所扮演角色的讨论，参见 Jakubiak and Feeney, “Affectionate Touch to Promote Relational, Psychological, and Physical Well-Being in Adulthood.”

31. India Morrison, Line S. Loken, and Hakan Olausson, “The Skin as a Social Organ,” *Experimental Brain Research* 204 (2009): 305–314.

32. David S. Lee et al., “When Chatting About Negative Experiences Helps—and When It Hurts: Distinguishing Adaptive Versus Maladaptive Social Support in Computer-Mediated Communication,” *Emotion* 20 (2020): 368–375. 表明社会分享过程可概括为社交媒体互动的其他证据，参见 Mina Choi and Catalina L. Toma, “Social Sharing Through Interpersonal Media.”

第六章　由外而内：物理环境与内在秩序

1. Erik Gellman, Robert Taylor Homes, Chicago Historical Society, http://www.encyclopedia.chicagohistory.org/pages/2478.html.

2. Aaron Modica, “Robert R. Taylor Homes, Chicago, Illinois (1959–2005),” BlackPast, Dec. 19, 2009, blackpast.org/aah/robert-taylor-homes-chicago-illinois-1959-2005; D. Brad- ford Hunt, “What Went Wrong with Public Housing in Chicago? A History of the Robert Taylor Homes,” *Journal of the Illinois State Historical Society* 94 (2001): 96–123; Hodding Carter, *Crisis on Federal Street,* PBS (1987).

3. Frances E. Kuo, “Coping with Poverty: Impacts of Environment and Attention in the Inner City,” *Environment and Behavior* 33 (2001): 5–34.

4. Roger S. Ulrich, “View Through a Window May Influence Recovery from Surgery,” *Science* 224 (1984): 420–421.

5. 关于接触自然与健康之间联系的近期综述，参见 Gregory N. Bratman et al., “Nature and Mental Health: An Ecosystem Service Perspective,” *Science Advances* 5 (2019): eaax0903; Roly Russell et al., “Humans and Nature: How Knowing and Experiencing Nature Affect Well-Being,” *Annual Review of Environmental Resources* 38 (2013): 473–502; Ethan A. McMahan and David Estes, “The Effect of Contact with Natural Environments on Positive and Negative Affect: A Meta-analysis,” *Journal of Positive Psychology* 10 (2015): 507–519; and Terry Hartig et al., “Nature and Health,” *Annual Review of Public Health* 35 (2014): 207–228.

6. Mathew P. White et al., “Would You Be Happier Living in a Greener Urban Area? A Fixed-Effects Analysis of Panel Data,” *Psychological Science* 24 (2013): 920–928.

7. Omid Kardan et al., "Neighborhood Greenspace and Health in a Large Urban Center," *Scientific Reports* 5 (2015): 11610.
8. Richard Mitchell and Frank Popham, "Effect of Exposure to Natural Environment on Health Inequalities: An Observational Population Study," *Lancet* 372 (2008): 1655–1660. Also see David Rojas-Rueda et al., "Green Spaces and Mortality: A Systematic Review and Meta-analysis of Cohort Studies," *Lancet Planet Health* 3 (2019): 469–477.
9. Rachel Kaplan and Stephen Kaplan, *The Experience of Nature: A Psychological Perspective* (New York: Cambridge University Press, 1989). I also drew on this article to tell the Kaplans' story: Rebecca A. Clay, "Green Is Good for You," *Monitor on Psychology* 32 (2001): 40.
10. William James, *Psychology: The Briefer Course* (New York: Holt, 1892).
11. 关于在涉及自然和注意力恢复时，有意识注意力和无意识注意力的区别的精彩讨论，参见 Stephen Kaplan and Marc G. Berman, "Directed Attention as a Common Resource for Executive Functioning and Self-Regulation," *Perspectives on Psychological Science* 5 (2010): 43–57。Also see Timothy J. Buschman and Earl K. Miller, "Top-Down Versus Bottom-Up Control of Attention in the Prefrontal and Posterior Parietal Cortices," *Science* 315 (2007): 1860–1862.
12. Marc G. Berman, John Jonides, and Stephen Kaplan, "The Cognitive Benefits of Interacting with Nature," *Psychological Science* 19 (2008): 1207–1212. Also see Terry Hartig et al., "Tracking Restoration in Natural and Urban Field Settings," *Journal of Environmental Psychology* 23 (2003): 109–123.
13. Marc G. Berman et al., "Interacting with Nature Improves Cognition and Affect for Individuals with Depression," *Journal of Affective Disorders* 140 (2012): 300–305.
14. Kristine Engemann et al., "Residential Green Space in Childhood Is Associated with Lower Risk of Psychiatric Disorders from Adolescence into Adulthood," *Proceedings of the National Academy of Sciences of the United States of America* 116 (2019): 5188–5193. Also see White et al., "Would You Be Happier Living in a Greener Urban Area?"
15. Gregory N. Bratman et al., "Nature Experience Reduces Rumination and Subgenual Prefrontal Cortex Activation," *Proceedings of the National Academy of Sciences of the United States of America* 112 (2015): 8567–8572. 关于行为层面上的概念性重复，参见 Gregory N. Bratman et al., "The Benefits of Nature Experience: Improved Affect and Cognition," *Landscape and Urban Planning* 138 (2015): 41–50。研究发现，在自然（而非

城市）中散步可以改善反刍、焦虑，提升积极情绪和工作记忆功能。

16. 当听到自然对认知和情感恢复效用的这些发现时，许多人会自然地产生怀疑。事实上，一组设计精巧的研究发现，人们总是低估与绿色空间互动对改善情绪能起的作用。Elizabeth K. Nisbet and John M. Zelenski, "Underestimating Nearby Nature: Affective Forecasting Errors Obscure the Happy Path to Sustainability," *Psychological Science* 22 (2011): 1101–1106.

17. United Nations, Department of Economic and Social Affairs, Population Division, *World Ur- banization Prospects: The 2018 Revision* (New York: United Nations, 2019); and Hannah Ritchie and Max Roser, "Urbanization," *Our World in Data* (2018, updated 2019), https://ourworldindata.org/urbanization#migration-to-towns-and-cities-is-very-recent-mostly-limited-to-the-past-200-years.

18. Bin Jiang et al., "A Dose-Response Curve Describing the Relationship Between Urban Tree Cover Density and Self-Reported Stress Recovery," *Environment and Behavior* 48 (2016): 607–629. Also see Daniel K. Brown, Jo L. Barton, and Valerie F. Gladwell, "Viewing Nature Scenes Positively Affects Recovery of Autonomic Function Following Acute-Mental Stress," *Environmental Science and Technology* 47 (2013): 5562–5569; Berman, Jonides, and Kaplan, "Cognitive Benefits of Interacting with Nature"; and McMahan and Estes, "Effect of Contact with Natural Environments on Positive and Negative Affect."

19. Stephen C. Van Hedger et al., "Of Cricket Chirps and Car Horns: The Effect of Nature Sounds on Cognitive Performance," *Psychonomic Bulletin and Review* 26 (2019): 522–530.

20. Danielle F. Shanahan et al., "Health Benefits from Nature Experiences Depend on Dose," *Scientific Reports* 6 (2016): 28551. Also see Jiang et al., "Dose-Response Curve Describing the Relationship Between Urban Tree Cover Density and Self-Reported Stress Recovery."

21. ReTUNE (Restoring Through Urban Nature Experience), The University of Chicago, https://appchallenge.uchicago.edu/retune/, accessed March 4, 2020. ReTUNE app: https://retune-56d2e.firebaseapp.com/.

22. 2008 年 10 月 1 日，伊桑 · 克罗斯对苏珊娜 · 博特的采访。

23. Mark Kukis, "The Most Dangerous Place in Iraq," *Time,* Dec. 11, 2006.

24. Craig L. Anderson, Maria Monroy, and Dacher Keltner, "Awe in Nature Heals: Evidence from Military Veterans, At-Risk Youth, and College Students," *Emotion* 18 (2018): 1195–1202.

25. Jennifer E. Stellar et al., "Self-Transcendent Emotions and Their Social Functions:

Compassion, Gratitude, and Awe Bind Us to Others Through Prosociality," *Emotion Review* 9 (2017): 200–207; Paul K. Piff et al., "Awe, the Small Self, and Prosocial Behavior," *Journal of Personality and Social Psychology* 108 (2015): 883–899; and Michelle N. Shiota, Dacher Keltner, and Amanda Mossman, "The Nature of Awe: Elicitors, Appraisals, and Effects on Self-Concept," *Cognition and Emotion* 21 (2007): 944–963.

26. Michiel van Elk et al., "The Neural Correlates of the Awe Experience: Reduced Default Mode Network Activity During Feelings of Awe," *Human Brain Mapping* 40 (2019): 3561–3574.

27. Judson A. Brewer et al., "Meditation Experience Is Associated with Differences in Default Mode Network Activity and Connectivity," *Proceedings of the National Academy of Sciences of the United States of America* 108 (2011): 20254–20259. 就潜在的大脑功能而言，关于敬畏的体验如何与致幻剂产生联系的讨论，参见 van Elk et al., "The Neural Correlates of the Awe Experience: Reduced Default Mode Network Activity During Feelings of Awe." Also see Robin L. Carhart-Harris et al., "The Entropic Brain: A Theory of Conscious States Informed by Neuroimaging Research with Psychedelic Drugs," *Frontiers in Human Neuroscience* 3 (2014): 20.

28. 关于讨论，参见 Stellar et al., "Self-Transcendent Emotions and Their Social Functions."

29. For example, see Yang Bai et al. "Awe, the Diminished Self, and Collective Engagement: Universals and Cultural Variations in the Small Self," *Journal of Personality and Social Psychology* 113 (2017): 185–209.

30. 关于相似的论点，参见 Phuong Q. Le et al., "When a Small Self Means Manageable Obstacles: Spontaneous Self-Distancing Predicts Divergent Effects of Awe During a Subsequent Performance Stressor," *Journal of Experimental Social Psychology* 80 (2019): 59–66。有趣的是，该研究还表明，对于那些在回忆负面经历时倾向于自发抽离的人来说，在做一次压力大的演讲前体验敬畏对他们的心血管应激反应有百利而无一害。

31. Van Elk et al., "Neural Correlates of the Awe Experience."

32. Melanie Rudd, Kathleen D. Vohs, and Jennifer Aaker, "Awe Expands People's Perception of Time, Alters Decision Making, and Enhances Well-Being," *Psychological Science* 23 (2012): 1130–1136.

33. Jennifer E. Stellar et al., "Positive Affect and Markers of Inflammation: Discrete Positive Emotions Predict Lower Levels of Inflammatory Cytokines," *Emotion* 15 (2015): 129–133.

34. Jennifer E. Stellar et al., "Awe and Humility," *Journal of Personality and Social Psychology* 114 (2018): 258–269.

35. Grossmann and Kross, "Exploring Solomon's Paradox."

36. Amie Gordon et al., "The Dark Side of the Sublime: Distinguishing a Threat-Based Variant of Awe," *Journal of Personality and Social Psychology* 113 (2016): 310–328.

37. Rafael Nadal, *Rafa: My Story,* with John Carlin (New York: Hachette Books, 2013); Chris Chase, "The Definitive Guide to Rafael Nadal's 19 Bizarre Tennis Rituals," *USA Today,* June 5, 2019.

38. Mark J. Landau, Aaron C. Kay, and Jennifer A. Whitson, "Compensatory Control and the Appeal of a Structured World," *Psychological Bulletin* 141 (2015): 694–722.

39. Nadal, *Rafa.*

40. Maria Kondo, *The Life-Changing Magic of Tidying Up: The Japanese Art of Decluttering and Organizing* (Berkeley, CA: Ten Speed Press, 2014).

41. As Mark Landau, Aaron Kay, and Jennifer Whitson deftly argue in their review, "Compensatory Control and the Appeal of a Structured World," 在过去的 60 年里，该主题一直是大量研究的焦点，学者们从不同的角度对其进行了研究。

42. Albert Bandura, *Social Foundations of Thought and Action: A Social Cognitive Theory* (Englewood Cliffs, NJ: Prentice-Hall, 1986); and Bandura, *Self-Efficacy: The Exercise of Control* (New York: Freeman, 1997).

43. For reviews, see Landau, Kay, and Whitson, "Compensatory Control and the Appeal of a Structured World"; D. H. Shapiro, Jr., C. E. Schwartz, and J. A. Astin, "Controlling Ourselves, Controlling Our World: Psychology's Role in Understanding Positive and Negative Consequences of Seeking and Gaining Control," *The American Psychologist* 51 (1996): 1213–1230; and Bandura, *Self-Efficacy: The Exercise of Control.* Also see Richard M. Ryan and Edward L. Deci, "Self-Determination Theory and the Facilitation of Intrinsic Motivation, Social Development, and Well-Being," *American Psychologist* 55 (2000): 68–78.

44. Michelle Richardson, Charles Abraham, and Rod Bond, "Psychological Correlates of University Students' Academic Performance: A Systematic Review and Meta-analysis," *Psychological Bulletin* 138 (2012): 353–387; Michael Schneider and Franzis Preckel, "Variables Associated with Achievement in Higher Education: A Systematic Review of Meta- analyses," *Psychological Bulletin* 143 (2017): 565–600; Alexander D. Stajkovic and

Fred Luthans, "Self-Efficacy and Work-Related Performance: A Meta-analysis," *Psychological Bulletin* 124 (1998): 240–261.

45. Toni L. Bisconti and C. S. Bergeman, "Perceived Social Control as a Mediator of the Relationships Among Social Support, Psychological Well-Being, and Perceived Health," *Gerontologist* 39 (1999): 94–103; Tanya S. Martini, Joan E. Grusec, and Silvia C. Bernardini, "Effects of Interpersonal Control, Perspective Taking, and Attributions on Older Mothers' and Adult Daughters' Satisfaction with Their Helping Relationships," *Journal of Family Psychology* 15 (2004): 688–705.
46. For discussion, see Nolen-Hoeksema, Wisco, and Lyubomirsky, "Rethinking Rumination."
47. 宗教是人们经常用来增强控制感的另一种办法，它为人们提供了实际层面和精神层面上的秩序、结构和组织。Aaron C. Kay et al., "God and the Government: Testing a Compensatory Control Mechanism for the Support of External Systems," *Journal of Personality and Social Psychology* 95 (2008): 18–35. For discussion, see Landau, Kay, and Whitson, "Compensatory Control and the Appeal of a Structured World."
48. Landau, Kay, and Whitson, "Compensatory Control and the Appeal of a Structured World."
49. Jennifer A. Whitson and Adam D. Galinsky, "Lacking Control Increases Illusory Pattern Perception," *Science* 322 (2008): 115–117.
50. Keisha M. Cutright, "The Beauty of Boundaries: When and Why We Seek Structure in Consumption," *Journal of Consumer Research* 38 (2012): 775–790. Also see, Samantha J. Heintzelman, Jason Trent, and Laura A. King, "Encounters with Objective Coherence and the Experience of Meaning in Life," *Psychological Science* 24 (2013): 991–998.
51. Alexa M. Tullett, Aaron C. Kay, and Michael Inzlicht, "Randomness Increases Self-Reported Anxiety and Neurophysiological Correlates of Performance Monitoring," *Social Cognitive and Affective Neuroscience* 10 (2015): 628–635.
52. Catherine E. Ross, "Neighborhood Disadvantage and Adult Depression," *Journal of Health and Social Behavior* 41 (2000): 177–187.
53. 并非所有被诊断为强迫症的人都有在周围环境中建立秩序的动力：Miguel Fullana, "Obsessions and Compulsions in the Community: Prevalence, Interference, Help-Seeking, Developmental Stability, and Co-occurring Psychiatric Conditions," *American Journal of Psychiatry* 166 (2009): 329–336.
54. For discussion, see Landau, Kay, and Whitson, "Compensatory Control and the Appeal of a Structured World."

第七章　心理魔法

1. 为讲述梅斯梅尔的故事，我动用了以下资源：George J. Makari, "Franz Anton Mesmer and the Case of the Blind Pianist," *Hospital and Community Psychiatry* 45 (1994): 106–110; Derek Forrest, "Mesmer," *International Journal of Clinical and Experimental Hypnosis* 50 (2001): 295–308; Douglas J. Lanska and Joseph T. Lanska, "Franz Anton Mesmer and the Rise and Fall of Animal Magnetism: Dramatic Cures, Controversy, and Ultimately a Triumph for the Scientific Method," in *Brain, Mind, and Medicine: Essays in Eighteenth-Century Neuroscience,* ed. Harry Whitaker (New York: Springer, 2007), 301–320; Sadie F. Dingfelder, "The First Modern Psychology Study: Or How Benjamin Franklin Unmasked a Fraud and Demonstrated the Power of the Mind," *Monitor on Psychology* 41 (2010), www.apa.org/monitor/2010/07-08/franklin; and David A. Gallo and Stanley Finger, "The Power of a Musical Instrument: Franklin, the Mozarts, Mesmer, and the Glass Armonica," *History of Psychology* 3 (2000): 326–343.

2. Benjamin Franklin, *Report of Dr. Benjamin Franklin, and Other Commissioners, Charged by the King of France, with the Examination of Animal Magnetism, as Now Practiced at Paris* (London: printed for J. Johnson, 1785).

3. 这种戏剧性的飞跃很大程度上要归功于麻醉师亨利·比彻，他于 1955 年发表了一篇题为《强大的安慰剂》的论文：Henry Beecher, "The Powerful Placebo," *Journal of the American Medical Association* 159 (1955): 1602–1606.

4. The Editors of *Encyclopaedia Britannica,* "Amulet," *Encyclopaedia Britannica.*

5. Joseph Jacobs and M. Seligsohn, "Solomon, Seal of," *Jewish Encyclopedia,* www.jewishencyclopedia.com/articles/13843-solomon-seal-of.

6. Mukti J. Campion, "How the World Loved the Swastika—Until Hitler Stole It," *BBC News,* Oct. 23, 2014, www.bbc.com/news/magazine-29644591.

7. Charles E. Schaefer and Donna Cangelosi, *Essential Play Therapy Techniques: Time-Tested Approaches* (New York: The Guilford Press, 2016).

8. Dan Snierson, "Heidi Klum Reveals Victoria's Secret," *Entertainment Weekly,* Nov. 21, 2003.

9. NBA.com Staff, "Legends Profile: Michael Jordan," NBA, www.nba.com/history/legends/profiles/michael-jordan.

10. Rina Raphael, "Is There a Crystal Bubble? Inside the Billion-Dollar 'Healing' Gemstone Industry," *Fast Company,* May 5, 2017.

11. 心理体操解释了理性的个体是如何认可迷信的。关于心理体操的精彩讨论，参见 Jane Risen, “Believing What We Do Not Believe: Acquiescence to Superstitious Beliefs and Other Powerful Intuitions,” *Psychological Review* 123 (2016): 182–207。

12. Yoni K. Ashar, Luke J. Chang, and Tor D. Wager, “Brain Mechanisms of the Placebo Effect: An Affective Appraisal Account,” *Annual Review of Clinical Psychology* 13 (2017): 73–98; Ted J. Kaptchuk and Franklin G. Miller, “Placebo Effects in Medicine,” *New England Journal of Medicine* 373 (2015): 8–9; and Tor D. Wager and Lauren Y. Atlas, “The Neuroscience of Placebo Effects: Connecting Context, Learning and Health,” *Nature Reviews Neuroscience* 16 (2015): 403–418.

13. Ted J. Kaptchuk et al., “Components of Placebo Effect: Randomized Controlled Trial in Patients with Irritable Bowel Syndrome,” *British Medical Journal* 336 (2008): 999–1003.

14. Karin Meissner et al., “Differential Effectiveness of Placebo Treatments: A Systematic Review of Migraine Prophylaxis,” *JAMA Internal Medicine* 173 (2013): 1941–1951.

15. Michael E. Wechsler et al., “Active Albuterol or Placebo, Sham Acupuncture, or No Intervention in Asthma,” *New England Journal of Medicine* 365 (2011): 119–126.

16. For examples, see Andrew L. Geers et al., “Dispositional Optimism Predicts Placebo Analgesia,” *The Journal of Pain* 11 (2010): 1165–1171; Marta Pecina et al., “Personality Trait Predictors of Placebo Analgesia and Neurobiological Correlates,” *Neuropsychopharmacology* 38 (2013): 639–646.

17. C. Warren Olanow et al., “Gene Delivery of Neurturin to Putamen and Substantia Nigra in Parkinson Disease: A Double-Blind, Randomized, Controlled Trial,” *Annals of Neurology* 78 (2015): 248–257. 关于安慰剂对帕金森病有益处的额外证据，参见 Raul de la Fuente-Fernandez et al., “Expectation and Dopamine Release: Mechanism of the Placebo Effect in Parkinson’s Disease,” *Science* 293 (2001): 1164–1166; Christopher G. Goetz, “Placebo Response in Parkinson’s Disease: Comparisons Among 11 Trials Covering Medical and Surgical Interventions,” *Movement Disorders* 23 (2008): 690–699; American Parkinson Disease Association, “The Placebo Effect in Clinical Trials in Parkinson’s Disease,” March, 6, 2017, www.apda parkinson.org/article/the-placebo-effect-in-clinical-trials-in-parkinsons-disease/.

18. Leonie Koban et al., “Frontal-Brainstem Pathways Mediating Placebo Effects on Social Rejection,” *Journal of Neuroscience* 37 (2017): 3621–3631.

19. 安慰剂的反面也能增强情绪。在一种被称为“反安慰剂效应”的现象中，人们相信在某些情况下，能够害人的物质也被证明具有安慰剂的效果。Paul Enck,

Fabrizio Benedetti, and Manfred Schedlowski, "New Insights into the Placebo and Nocebo Responses," *Neuron* 59 (2008): 195–206.

20. For review, see Ashar, Chang, and Wager, "Brain Mechanisms of the Placebo Effect."
21. Arif Khan, Nick Redding, and Walter A. Brown, "The Persistence of the Placebo Response in Antidepressant Clinical Trials," *Journal of Psychiatric Research* 42 (2008): 791–796.
22. Stuart Heritage, "Tig Notaro and Her Jaw-Dropping Cancer Standup Routine," *Guardian,* Oct. 19, 2012; Andrew Marantz, "Good Evening. Hello. I Have Cancer," *New Yorker,* Oct. 5, 2012; Vanessa Grigoriadis, "Survival of the Funniest," *Vanity Fair,* Dec. 18, 2012; and Tig Notaro, *Live,* 2012.
23. Andy Clark, "Whatever Next? Predictive Brains, Situated Agents, and the Future of Cognitive Science," *Behavioral and Brain Sciences* 36 (2013): 181–204.
24. Irving Kirsch, "Response Expectancy and the Placebo Effect," *International Review of Neurobiology* 138 (2018): 81–93; and Christian Büchel et al., "Placebo Analgesia: A Predictive Coding Perspective," *Neuron* 81 (2014): 1223–1239.
25. 关于前意识和深思的过程在安慰剂效应中所起作用的精彩讨论，参见 Ashar, Chang, and Wager, "Brain Mechanisms of the Placebo Effect"; Donald D. Price, Damien G. Finniss, and Fabrizio Benedetti, "A Comprehensive Review of the Placebo Effect: Recent Advances and Current Thought," *Annual Review of Psychology* 59 (2008): 565–590; and Karin Meissner and Klaus Linde, "Are Blue Pills Better Than Green? How Treatment Features Modulate Placebo Effects," *International Review of Neurobiology* 139 (2018): 357–378; John D. Jennings et al., "Physicians' Attire Influences Patients' Perceptions in the Urban Outpatient Surgery Setting," *Clinical Orthopaedics and Related Research* 474 (2016): 1908–1918.
26. As reviewed in Ashar, Chang, and Wager, "Brain Mechanisms of the Placebo Effect." Also see R. J. Herrnstein, "Placebo Effect in the Rat," *Science* 138 (1962): 677–678; and Jian-You Gou et al., "Placebo Analgesia Affects the Behavioral Despair Tests and Hormonal Secretions in Mice," *Psychopharmacology* 217 (2011): 83–90; and K. R. Munana, D. Zhang, and E. E. Patterson, "Placebo Effect in Canine Epilepsy Trials," *Journal of Veterinary Medicine* 24 (2010): 166–170.
27. Tor D. Wager and Lauren Y. Atlas, "The Neuroscience of Placebo Effects."
28. Hilke Plassmann et al., "Marketing Actions Can Modulate Neural Representations of Experienced Pleasantness," *Proceedings of the National Academy of Sciences* 105 (2008): 1050–1054.

29. Alia J. Crum et al., "Mind over Milkshakes: Mindsets, Not Just Nutrients, Determine Ghrelin Response," *Health Psychology* 30 (2011): 424–429.

30. Ashar, Chang, and Wager, "Brain Mechanisms of the Placebo Effect."

31. Slavenka Kam-Hansen et al., "Altered Placebo and Drug Labeling Changes the Outcome of Episodic Migraine Attacks," *Science Translational Medicine* 6 (2014): 218ra5.

32. 关于经典参考资料，参见 Richard E. Petty and John T. Cacioppo, "The Elaboration Likelihood Model of Persuasion," *Advances in Experimental Social Psychology* 19 (1986): 123–205。

33. Ted J. Kaptchuk et al., "Placebos Without Deception: A Randomized Controlled Trial in Irritable Bowel Syndrome," *PLoS One* 5 (2010): e15591.

34. Darwin Guevarra et al., "Are They Real? Non-deceptive Placebos Lead to Robust Declines in a Neural Biomarker of Emotional Reactivity," *Nature Communications* (in press).

35. James E. G. Charlesworth et al., "Effects of Placebos Without Deception Compared with No Treatment: A Systematic Review and Meta-analysis," *Journal of Evidence-Based Medicine* 10 (2017): 97–107.

36. Raymond W. Firth, "Bronislaw Malinowski: Polish-Born British Anthropologist," *Encyclopaedia Britannica,* Feb. 2019; Katharine Fletcher, "Bronislaw Malinowski—LSE pioneer of Social Anthropology," June 13, 2017, LSE History, https://blogs.lse.ac.uk/lsehistory/2017/06/13/bronislaw-malinowski-lse-pioneer-of-social-anthropology/; Michael W. Young and Bronislaw Malinowski, *Malinowski's Kiriwina: Fieldwork Photography, 1915–1918* (Chicago: University of Chicago Press, 1998).

37. Cindy Sui and Anna Lacey, "Asia's Deadly Secret: The Scourge of the Betel Nut," *BBC News,* https://www.bbc.com/news/health-3192120; "Bronislaw Malinowski (1884–1942)," *Lapham's Quarterly,* www.laphamsquarterly.org/contributors/malinowski.

38. Bronislaw Malinowski, *Argonauts of the Western Pacific: An Account of Native Enterprise and Adventure in the Archipelagoes of Melanesian New Guinea* (Long Grove, IL: Waveland Press, 2010), loc. 5492–5493, Kindle; Bronislaw Malinowski, "Fishing in the Trobriand Islands," *Man* 18 (1918): 87–92; Bronislaw Malinowski, *Man, Science, Religion, and Other Essays* (Boston: Beacon Press, 1948).

39. 本书该部分的内容是我从以下这篇优秀综述中提取的：Nicholas M. Hobson et al., "The Psychology of Rituals: An Integrative Review and Process-Based Framework," *Personality and Social Psychology Review* 22 (2018): 260–284.

40. "10 Facts: The United States Military Academy at West Point," American Battlefield Trust,

www.battlefields.org/learn/articles/10-facts-united-states-military-academy-west-point.

41. Samantha McLaren, "A 'No Shoes' Policy and 4 Other Unique Traditions That Make These Company Cultures Stand Out," Linkedin Talent Blog, Nov. 12, 2018, business.linkedin.com/talent-solutions/blog/company-culture/2018/unique-traditions-that-make-these-company-cultures-stand-out.
42. George Gmelch, "Baseball Magic," in *Ritual and Belief,* ed. David Hicks (Plymouth, UK: AltaMira Press, 2010): 253–262; Jay Brennan, "Major League Baseball's Top Superstitions and Rituals," Bleacher Report, Oct. 3, 2017, bleacherreport.com/articles/375113-top-mlb-superstitions-and-rituals; and Matthew Hutson, "The Power of Rituals," *Boston Globe,* Aug. 18, 2016.
43. Steve Jobs, Commencement Address, Stanford University, June 12, 2005, *Stanford News,* June 14, 2005.
44. Michael I. Norton and Francesca Gino, "Rituals Alleviate Grieving for Loved Ones, Lovers, and Lotteries," *Journal of Experimental Psychology: General* 143 (2014): 266–272.
45. Martin Lang et al., "Effects of Anxiety on Spontaneous Ritualized Behavior," *Current Biology* 25 (2015): 1892–1897; Giora Keinan, "Effects of Stress and Tolerance of Ambiguity on Magical Thinking," *Journal of Personality and Social Psychology* 67 (1994): 48–55; and Stanley J. Rachman and Ray J. Hodgson, *Obsessions and Compulsions* (Upper Saddle River, NJ: Prentice-Hall, 1980).
46. Richard Sosis and W. Penn Handwerker, "Psalms and Coping with Uncertainty: Religious Israeli Women's Responses to the 2006 Lebanon War," *American Anthropologist* 113 (2011): 40–55.
47. Matthew W. Anastasi and Andrew B. Newberg, "A Preliminary Study of the Acute Effects of Religious Ritual on Anxiety," *Journal of Alternative and Complementary Medicine* 14 (2008): 163–165.
48. Allen Ding Tian et al., "Enacting Rituals to Improve Self-Control," *Journal of Personality and Social Psychology* 114 (2018): 851–876.
49. Alison Wood Brooks et al., "Don't Stop Believing: Rituals Improve Performance by Decreasing Anxiety," *Organizational Behavior and Human Decision Processes* 13 (2016): 71–85. 也有证据表明，当人们感到焦虑时，进行仪式会降低大脑系统的活跃度。Nicholas M. Hobson, Devin Bonk, and Michael Inzlicht, "Rituals Decrease the Neural Response to Performance Failure," *PeerJ* 5 (2017): e3363.

50. Hobson et al., "Psychology of Rituals."
51. Gary Morley, "Rice's Rituals: The Golden Girl of Australian Swimming," CNN, June 28, 2012, www.cnn.com/2012/06/28/sport/olympics-2012-stephanie-rice-australia/index.html.
52. Lang et al., "Effects of Anxiety on Spontaneous Ritualized Behavior."
53. Rachel E. Watson-Jones, Harvey Whitehouse, and Cristine H. Legare, "In-Group Ostracism Increases High-Fidelity Imitation in Early Childhood," *Psychological Science* 27 (2016): 34–42.
54. E. Tory Higgins, "Self-Discrepancy: A Theory Relating Self and Affect," *Psychological Review* 94 (1987): 319–340; and Charles S. Carver and Michael F. Scheier, "Control Theory: A Useful Conceptual Framework for Personality-Social, Clinical, and Health Psychology," *Psychological Bulletin* 92 (1982): 111–135. Also see Earl K. Miller and Jonathan D. Cohen, "An Integrative Theory of Prefrontal Cortex Function," *Annual Review of Neuroscience* 24 (2001): 167–202.
55. Brooks et al., "Don't Stop Believing."

结论　驾驭与自己的对话

1. 这并不是说冥想和正念没有用。就像本章回顾的其他技术一样，在某些情况下，它们的确是有用的工具。更广泛的观点是，持续关注现在是没用（或者不可行）的，因为成功往往需要我们反思过去、预测未来。
2. Dacher Keltner and James J. Gross, "Functional Accounts of Emotions," *Cognition and Emotion* 13 (1999): 467–480; and Randolph M. Nesse, "Evolutionary Explanations of Emotions," *Human Nature* 1 (1989): 261–289.
3. U.S. National Library of Medicine, "Congenital Insensitivity to Pain," National Institutes of Health, Dec. 10, 2019, ghr.nlm.nih.gov/condition/congenital-insensitivity-to-pain#genes.
4. 该项目的课程广泛开展，聚焦于教学生们如何使用《强大内心的自我对话》中评述的几种策略及其他经过实证支持的工具来控制自己的情绪。
5. 该项研究于 2019 年冬在美国东北部的一所高中里进行。学生们被随机分配到"工具箱"或者"控制"课程中，这些课主要教授学生们学习的科学。课程是由科学家安吉拉·达克沃斯、丹尼尔·威林厄姆、约翰·乔耐德、阿里安娜·奥韦尔、本杰明·卡茨（Benjamin Katz）和我本人，以及里安农·基利安（Rhiannon

Killian）和基思·德罗齐埃（Keith Desrosiers）这两位老师共同创造的。
6. 关于灵活运用不同情绪管理策略重要性的讨论，参见 Cecilia Cheng, “Cognitive and Motivational Processes Underlying Coping Flexibility: A Dual-Process Model,” *Journal of Personal and Social Psychology* 84 (2003): 425–438; and George A. Bonanno and Charles L. Burton, “Regulatory Flexibility: An Individual Differences Perspective on Coping and Emotion Regulation,” *Perspectives on Psychological Science* 8 (2013): 591–612.
7. James J. Gross, “Emotion Regulation: Current Status and Future Prospects,” *Psychological Inquiry* 26 (2015): 1–26; Ethan Kross, “Emotion Regulation Growth Points: Three More to Consider,” *Psychological Inquiry* 26 (2015): 69–71.